U0068922

全華科技圖書

全華科技圖書

TECHNOLOGY

提供技術新知・促進工業升級
為台灣競爭力再創新猷

資訊蓬勃發展的今日，全華本著「全是精華」的出版理念，
以專業化精神，提供優良科技圖書，滿足您求知的權利；
更期以精益求精的完美品質，為科技領域更奉獻一份心力。

TECHNOLOGY

圖解

放電加工的
結構與實用技術

張渭川　編譯

全華科技圖書股份有限公司 印行

図　解

放電加工のしくみと
100％活用法

三菱電機(株)

監修　斎藤長男

原　序

　　過去已出版有關放電加工的書籍，均為了欲詳述放電現象，或加工現象，致使無預備知識的一般讀者不易研習。

　　而且，最近正在急速發展中的線切割放電加工機，亦皆無有關的實用書籍以及解說書籍可供研讀。

　　在放電加工尚有很多不安定要素的所謂黎明時期，確有必要生硬地把放電、加工現象加以傳授，因為若無這些知識，根本就無法使用放電加工機，實有其重要意義。

　　但是現在全國（日本）已有將近二萬台的放電加工機投入生產行列，並已確立模具製作主力工作機械的地位。

　　則依工廠管理的立場來看，已不是特殊的加工機械，而是一般通常的加工機械。再就機械工業常識而言，除了加工原理以外，必須要有更多的從業人員去瞭解其經濟性和管理上的種種問題。

　　這次，由於日本技術評論社計畫出版兼顧實用技術的解說書，特以最新的雕模放電加工機和線切割放電加工機為中心，以下列要點編輯。

(1)　整理原理的骨幹加以理解後，教你學會操作機械的知識和安全知識。

(2)　教你具備與廠商和用戶的專家們，在技術上與設備計畫上能夠互相溝通的知識。包括：

①　你將會瞭解專用名詞，術語的意義以及如何去翻查索引。

②　會指出加工技術上的妥善性和錯誤之所在，並能正確判斷其良好與否。

③ 可與廠商的技術人員作技術上的溝通與連繫，提高工作效率。

④ 提供最低限度的修理和維護知識。（瞭解消耗部分與維修的要領）

(3) 詳述放電加工的設備計畫以及購置設備時如何去決定其規格大小的知識。（投資效益的計算、折舊、租稅的優待辦法）

(4) 可適用於高工職校、職訓班、工專、大學等有關科系的講義。

(5) 可用於廠商服務人員、推銷人員、用戶等新進人員的教育資料。

本書委由三菱電機株式會社負責放電加工部門的各位部長、課長、股長以及其相當職位的有關人員分擔執筆，若能提供從事於放電加工有關人員作爲常備的參考書籍，深感榮幸。

日本三菱電機株式會社　重電事業本部
技師長　工學博士　齊藤　長男主編

譯　者　序

根據統計，在日本昭和52年度（1977年）放電加工機的銷售數量為1464台，銷售總金額為142億日圓，而昭和53年度（1978年）則急增至2234台，銷售金額達203億日圓之多，顯然已接近銑床生產額的250億日圓。

其中，線切割放電加工機的成長尤為顯著，雕模放電加工機對前年的成長率為144％，而線切割放電加工機則為160％。

再說，工具機（包括NC工作機械）昭和52年對昭和53年度的成長率也祇不過120％而已。可見放電加工機的成長，並非僅為汰舊換新，或增加生產的設備投資而已，而是由於技術的革新帶給經濟上莫大的優惠所致。

尤其是線切割放電加工機的出現，與一般放電加工機併用了後，顯著縮短模具製作的交貨期限，再也無需經多年的累積經驗始能習得的熟練技術，以及減少模具製作設備與人工費等固定費用，改變模具製作環境的形象（白領階級所使用的機械）等正在發揮其經濟上的效果。

而且，最近除了作為模具製作的主力工作機械以外，也漸漸採用於無毛刺加工手段，以及鐵鋼軋輥的梨皮狀花紋之加工等生產加工領域。

可知不僅是高硬度、難加工性材料，難加工形狀的高精度加工，應用放電加工表面特性的用途，亦正在擴大之中。

認識用以模具加工的放電加工機固然重要，但進一步去了解放電加工的特色，尋覓更巧妙的用途，亦是促進其加速發展的關鍵。

本書分為基礎篇、實用篇以及設備引進篇，在基礎篇概述

何謂放電加工以及放電加工原理的骨幹，電氣廻路的基本，加工面的性質等。

實用篇分別敍述雕模放電加工機與線切割放電加工機的機械構造、操作方法、加工技術、新技術以及安全等。

設備引進篇則詳述有關引進設備時的投資效益計算例與其經濟性。

本書之移譯校對均在公畢課餘之暇，雖力求完善，謬誤恐仍難免，敬祈先進賢達不吝賜正是幸。

張渭川　謹識

於國立教育學院附屬高工

編輯部序

　　「系統編輯」是我們的編輯方針，我們所提供給您的，絕不只是一本書，而是關於這門學問的所有知識，它們由淺入深，循序漸進。

　　線切割放電加工機的出現，已顯著縮短模具製作的交貨期限，而且其經濟效益正漸漸受到毛刺加工及梨皮狀花紋加工之青睞，可以預見的是未來在應用放電加工表面特性的用途上將大放光彩。本書以生動的筆觸，詳述雕模放電加工機與線切割放電加工機的構造、操作法、技術等，是從事放電加工機操作人員及工專機械科學生的最佳參考書。

　　同時，為了使您能有系統且循序漸進研習機械方面叢書，我們以流程圖方式，列出各有關圖書的閱讀順序，以減少您研習此門學問的摸索時間，並能對這門學問有完整的知識。若您在這方面有任何問題，歡迎來函連繫，我們將竭誠為您服務。

目　錄

第2篇　實用篇

第3篇　設備引進篇

1　投資效益的計算方法 249

基礎篇

第1章

放電加工的原理

應用放電的加工方法

　　放電加工是使用銅等柔軟工具（刀具），可將著名的超硬合金鋼等極堅硬的材料予以任意加工成形。此時刀具與被加工物之間，保持僅有數 μ 的間隙，逐次使其發生放電，進行加工。電極若爲碟盤形，則被加工成爲像壓緊碟盤底的形狀，電極若爲線狀的銅線，則猶如使用線鋸作切斷加工。

　　此時，隨着加工的進行，雖然存有相當於加工量若干百分比的電極消耗之加工條件，與在實用上，幾乎可完全忽視其電極消耗的所謂電極低消耗加工條件二種。無論如何，皆隔着微小的間隙，像將電極壓向被加工物而成的加工形狀並無兩樣，換句話說，電極形狀與加工物形狀互相成爲實物對照的關係。

　　由於加工所產生的加工粉，或加工液的分解物等加工生成物，可由微小間隙之中任其自由排出，或偶爾自動地清除兩極間的間隙等，避免加工生成物淤塞於兩極之間。

　　放電加工的方式可分爲(1)使用特定形狀的電極，依其形狀作投影加工的彫模放電加工方式，與(2)邊捲取銅線電極，邊依線鋸切斷之方式，作二次元輪廓加工的線切割放電加工機兩種。

3

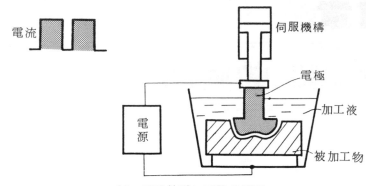

(a) 彫模放電加工機的原理

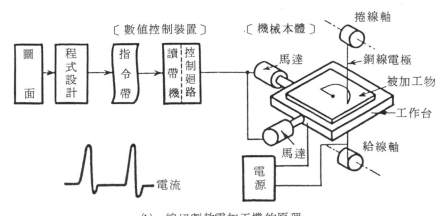

(b) 線切割放電加工機的原理

圖 1.1

　　圖 1.1(a)為彫模放電加工機的原理，表示藉放電電力的供給，電極深入被加工物之中的加工情形。

　　針對放電加工的進行程度，可藉伺服機構的作用，維持兩極間的微小間隙於適當距離，使電極進入以便進行加工。

　　圖 1.1(b)為線切割放電加工機，表示捲取於線盤的銅線電極，猶如線鋸機般地作二次元形狀的切斷加工之情形。

　　二次元形狀的輪廓，係藉數值控制的 X、Y 二軸之馬達予以合成。

　　放電加工是由短間隙的火花放電所產生的短電弧放電進行加工，所以祇要可通以電流的材料，無論怎樣堅硬的被加工物皆可與柔軟材料的加工同樣，毫無困難地進行加工。因此，無論是經過淬火硬化的鋼材，或是具

圖1.2　彫模加工的狀態　　　圖1.3　線切割加工的狀態

有極高硬度的燒結合金鋼等均可藉銅、黃銅等柔軟材料爲電極，進行加工。

且因係電極面對着被加工物面的近距離處（由較高處起）依次開始發生放電，保持均一的極間間隙進行加工，所以無論電極消耗與否，加工形狀和電極形狀，都在隔着微小間隙的狀態之下，成爲與實物互相對照的形狀關係。於是隨着加工的進行，遂被加工成爲投影於電極進行方向的形狀。

藉此兩種重要基本性質，祇要能夠製成電極，則可作任意形狀的投影加工，甚且使用像金屬類細線，雖無刀双形狀也可作線鋸般的挖空加工。

工具（刀具）電極與被加工物，在油或水等液體中相對峙，當被加以數十乃至數百伏特的電壓，於接近數 μ 乃至數 10μ 的微小距離時，則發生放電，流通放電電流。而所謂放電加工，其作用主要是藉此電流的熱作用來進行的。

加工狀態的觀察

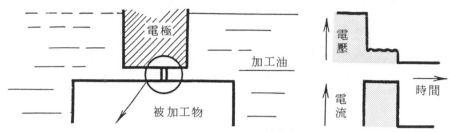

圖1.4　金屬藉火花放電與油的壓力進行加工的過程

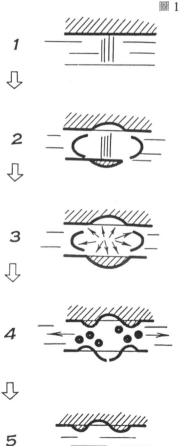

　　圖1.4表示單發放電進行加工的狀態。

1.　當電極與被加工物互相接近至數 μ 的距離時，首先在距離最短之處發生火花，此火花立刻變成細的電弧柱，亦即變成電流密度非常高的電子流，敲擊被加工物的一點。

　　於是電子流在此變為熱，而被加工物的此一點，則達到如鎢（tungsten）等即使熔點再高的金屬也會被熔化的高溫。此時，由於電子流碰撞金屬蒸氣所發生的離子（ion）等，電極亦同時被加熱。

2.　由於這些熱的產生，周邊的加工油即變成氣化狀態。

3.　由於放電所發生加工油的急激氣化膨脹，將會加壓於被熔化的被加工物及電極。此壓力以被加工物及電極全體而言雖小，但若以單位面積來計算時是相當大的。

4. 金屬被熔化的部份，成為小圓狀塊被吹散，而散落於加工油中，邊緣未被吹散的部分，則成為「隆起」殘留於被加工物以及電極。於是這些隆起部分則成為後續擊發的放電點。

5. 熔化金屬被吹散後，由周圍流入冷油急激奪去殘留熱量。發生過放電的間隙也同時回復絕緣。

實際的放電加工

實際上，放電加工是每秒鐘使其發生數千乃至數十萬次的放電，藉其產生的多數放電痕之累積進行加工。

圖1·5為其詳細情形。如圖所示可以了解，因加工是單發放電痕之累積所達成的，所以若每放電1次的放電能大，則放電痕之形狀也大，加工速度加快，間隙大，但加工面較粗糙。

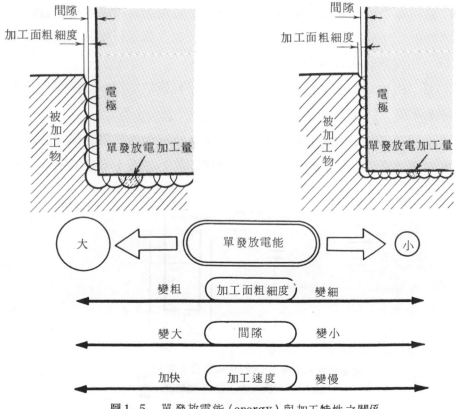

圖1.5 單發放電能 (energy) 與加工特性之關係

放電加工的歷史

1 放電是怎樣發生的

應用放電能（energy）作金屬加工的歷史相當早，據 1919 年德國發行的文獻記載，為製造金屬微粉末作為原料，在盛滿於燒杯的水中，使同一金屬互相對峙，連續作電容器（condenser）的反覆充電與放電，試圖在兩金屬間發生放電之事實是早已為人所知。[1]

此廻路方式則與 1940 年代由蘇俄的**拉薩連哥**（Laza renko）所發明形成現在的放電加工之方式很相似。欲使金屬材料能達到特定形狀的加工目的，應用電容器的充放電廻路之技術思想，可以說是**拉薩連哥**的發明。

當時就已明確了解，可以用柔軟的銅或黃銅作為電極，針對硬質金屬作微細小孔或異形孔的加工。

然而，由於加工速度的緩慢，或電極的消耗等缺點很多，僅限用於部分特殊範圍的加工工作。

後來因為了解，如圖 1.6 之(a)，(b)所示，自電源至放電間隙間的路徑無開關要素的關係，致使無法提高加工速度，於是如圖 1.6 之(c)所示，採

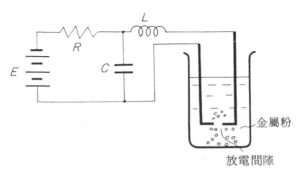

(a)金屬粉加工廻路（1919 年發行文獻記載）

圖 1.6　放電加工廻路的變遷

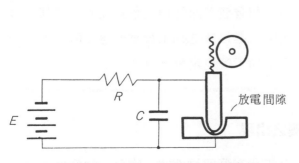

(b)依據 Lazarenko 的放電加工廻路　　　(c)現在的電晶體式放電加工廻路

圖1.6　　（續）

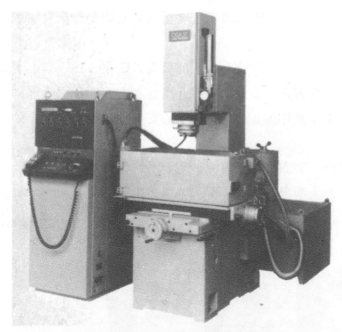

圖1.7　現在的彫模放電加工機

用電晶體開關元件於電流通過路徑後，加速放電加工的進步。

　　不僅是提高加工速度，為獲得電極消耗極少的電氣條件，電晶體廻路是最有效的。

　　而且，為了獲得良好的加工性能所必須的放電電壓與電流的控制，電晶體電源亦充分發揮其威力，成為今日放電加工技術急速發展之主要原因。

放電加工以外的特殊加工

切削或研磨等藉機械力學原理的加工稱爲機械加工方法，而依放電，電解，光，電子束，超音波等藉物理化學原理的加工稱爲特殊加工。在特殊加工之中，雖以放電加工最爲普遍，但今後電解加工，以及光束（雷射）加工等也定會逐漸普遍。

② 新的線切割放電加工機之出現

線切割放電加工機亦爲1960年代在蘇俄發明的，當時藉投影器邊注視輪廓（profile），邊以手動的方式，使工作台能作前後左右的進給進行加工。當時即已經知道，雖然加工速度緩慢，但對於微細且加工困難的形狀之加工非常有用。

直至演變爲數值控制化（以下簡稱爲 NC 化）以後，顯著提高其實用性及經濟性。又若在脫離子水（接近蒸餾水之狀態）之中進行加工時，可提高加工速度，且在無人運轉狀態下的安全性也更爲明確，於是加速促進其實用化。

另一方面，被 NC 化的機械必須要有 NC 帶，而 NC 帶的製作格外費事費時，若無大型電腦的 NC 帶自動製作裝置可資應用時，對業者來說是一大負担，於是都渴望有廉價的自動程式設計裝置的出現。因之，有一段

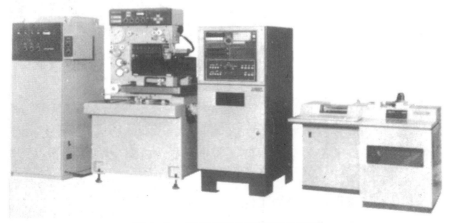

圖 1.8　現在的線切割放電加工機

時期，依據圖面作傲削加工方式的機械，曾取代其地位。

　　現在，已有操作容易且價錢低廉的 NC 帶自動程式製作裝置（auto-matic programing tools：APT）被採用爲線切割放電加工機的附屬裝置，使一般的模具製造業者也可簡易地製作 NC 帶，操縱線切割放電加工機。

　　這是因爲除了採用小電腦（minicomputor）作爲 NC 裝置的控制中樞之外，同時對於 NC 帶之自動設計製作，也依時間分割方式，乍看似可同時運轉，且使裝置全部的價錢低廉者出現，皆對促進實用化有很大的貢獻。

　　圖1.8表示現在使用中的線切割放電加工機的構成。

　　尤其是 NC 帶自動設計的技術，其普及的程度遠超過一般的 NC 工作機械，成爲線切割放電加工機發展的重要因素，是故在176頁有其詳細的說明。

單元4
放電加工用在甚麼地方

1. 彫模放電加工的適用範圍

自有放電加工以來，其利用方式因各國國情之不同，多少各有差異。

在美國，起初是用於航空宇宙企業界的高耐熱性材料之加工爲主，如在噴射引擎或火箭的零配件中，屬於機械加工困難的材料等。

且亦用於稱爲disintegrator者，係用來除去折損的螺絲攻，並曾朝着以加工速度較加工精度爲重要的方向去努力開發，而高精度沖剪模的加工用途反而退至其次。

因此，加工機械寧可多少犧牲加工精度，也須要朝向着低價格，高加工速度的趨勢去發展。

而且由於早就開始生產品質優良的石墨，於是石墨電極的使用也非常旺盛。這猶如在第2章所述，爲減少在高速加工時的電極消耗，具有較銅電極爲優之特性，於是加速導致以高加工速度來加工零配件的結果。

另一方面，日本與歐州諸國，因以沖剪模爲中心去發展模具的加工爲第一目標，重視加工精度遠較加工速度爲甚，朝向着確立模具製作的工作母機之路途邁進。

於是得能實現加工精度高，加工表面粗細度良好，且電極消耗極少的加工機械，雖說價格昂貴，但能圓滿達成需求目的之加工機械終於問世。

至於電極材料，有時也因爲遭遇到無生產優良品質的石墨，促使能巧妙地應用銅電極，或鐵電極的加工機械和加工技術應運而生。

由於國情的不同，雖在起始的發展方向各有差異，但演變至今，則以加工各種金屬模具的工作母機使用者最多，尤其廣泛用於沖剪模，塑膠成型模，壓鑄模，鍛造模，玻璃製造用金屬模，粉末冶金用金屬模，鋁門窗擠製模等等之製作。

（自左上至下）齒輪粉末冶金用金屬模、汽車用前護罩鑄模、曲柄軸鍛造模
（自右上至下）馬達芯沖剪模、塑膠鑄造模、容器鑄模

圖 1.9　應用彫模放電加工的金屬模加工例

　　其中，沖剪模以及鋁門窗擠製模雖有漸漸轉向於使用線切割放電加工
（wire EDM）之趨勢，但由於放電加工的電極製作方法，也曾經可藉電
鑄法或 Wire EDM 得能容易製作，故放電加工的適用範圍已逐漸擴大。

2.　線切割放電加工(wire EDM)的適用範圍

　　彫模放電加工機需要有能達成其目的之特定形狀的電極。

　　電極的製作，以採用機械加工等之方式製作者爲多，其中也有製作相

當費事費時者，在放電加工的技術領域裏，多年來一直盼望著能夠自電極的製作獲得解放。

而線切割放電加工則爲滿足此宿願的重要技術。

線切割放電加工機無需製作特定形狀的電極，僅以 1 捲 NC 帶則可作 2 次元輪廓的加工，且祇要是能以一筆畫繪出的輪廓，無論多複雜的形狀均可進行加工。

另外，像冲剪模具，整修模具等需要在公母兩模之間均賦予微小間隙

（自左上至下）複合冲模、鋁門窗擠製模、冲剪模（錐度加工）
（自右上至下）冲剪模、試作品、錐度加工

圖 1.10 公母模的線切割放電加工例

者，也可僅藉1捲NC帶爲基本，給予適當的偏置（offset）量獲得期望的正確間隙。

最近由於加工精度的急速提升，不但能獲得可與工模磨床媲美的加工精度，而且加工速度也較開發初期高出二倍左右，可作機械加工無法達成的複雜形狀之加工，或日以繼夜的無人連續運轉等，對大幅縮短模具製作的交貨期限，與無需模具製作的熟練技術等等發揮其最大功能。

其主要用途爲二次元形狀的模具（冲床用沖剪模，燒結模，擠製模，抽製模），放電加工機用電極的加工，試作品加工以及多種少量製品的加工，輪廓規（profile gage）之加工，微細加工（化纖nozzle，開縫加工）等。

表1.1　彫模放電加工機與線切割放電加工機之加工比較

	彫 模 放 電 加 工	線 切 割 放 電 加 工
電極之製作	需要特定形狀之電極	不需要特定形狀之電極，需要製作NC帶
加工精度	與電極作實物對照之加工（即使尺寸再大，其配合精度，間隙均一）	藉NC作X-Y之合成（藉滾珠螺桿與NC之精度作每一單位長度之精度表示）
	間隙由加工面粗細度決定調節困難	間隙之調節容易
	加工時由於材料之殘留應力釋放所引起的變形少（經常再加工）	易發生由於殘留應力之釋放所引起之變形（需要二次加工 second cut）
加工速度	加工面積涉及範圍廣	經常爲小面積之加工，故易受面積效果限制範圍
變質層	由於浸碳引起的硬化層厚度與加工面粗細度成相對關係	軟化層（電極材，銅之固溶）厚度與加工面粗細度成相對關係
安全	因在油中放電加工，即使有安全裝置，也因使用上之不注意有發火之可能性，需要監視	因在水中加工，無發火之虞，可作完全無人運轉
初期成本	1	1.5

3. 放電加工的特殊適用範圍

1 冷軋鋼板製作用軋輥表面的梨皮狀花紋加工

　　爲改善薄鋼板的塗裝緊密性，一般均藉噴砂機以噴砂法將軋輥表面作類似梨皮狀花紋的加工，然後再將其梨皮狀花紋轉軋於薄鋼板。如今已由放電加工來代替此噴砂工作，不但可加倍延長軋輥梨皮狀花紋面的壽命，同時也提高冷軋鋼板的抽製特性與塗裝的緊密性，並改善工作環境等。（請參照157頁）

2 軋輥刻印加工

　　用於建築、土木工程等建設的竹節鋼軋輥，以往均藉機械方式之加工，不但無法提高軋輥的硬度，且竹節的形狀也頗受限制。以放電加工替代機械加工的結果，不但可容易選擇特殊形狀或構思的竹節花紋，且亦可減少軋鋼硬度的限制。（請參照158頁）

3 放電切斷

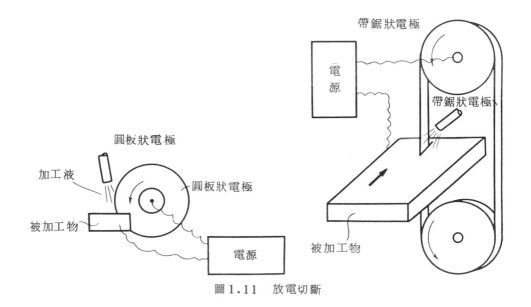

圖1.11　放電切斷

　　有以囘轉圓盤，或可移行的帶鋸爲電極，與欲切斷的金屬材料之間連結放電電源，澆以如水玻璃水溶液般的黏稠電解液，利用基於接觸開離的放電與電氣分解的作用，進行切斷加工的裝置。除可切斷任何硬度之材料外因無加工後的毛刺，工作安全等，使其應用範圍更廣。

④　非金屬的放電加工

　　有時亦可作非金屬材料的放電加工。在寶石，玻璃等的表面豎立針狀電極，使其尖端部分發生電量放電，藉其熱作用，在與針狀電極互相對向的微小部分作穿孔加工。

　　放電電力因須經由對象物的靜電容量供給，故其輸入會與被加工物的誘電率（λ）和供應電力的週波數（f），電壓（V）成比例而增大。因之，若採用高週波，高電壓的電源則可提高其加工效率。

　　亦有以極爲簡單的裝置，在電解液（10％的KNO_3等）之中，使針狀電極與置於金屬電極上的寶石或玻璃相對，通以100伏特左右的商用週波交流電，在其發生的電解瓦斯中所生成的電量放電狀態下進行加工者。

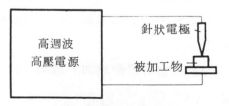

數10KHz～數MHz
6,000V～12,000V

圖1.12　高週波高壓電源方式（氣
　　　　中放電方式）

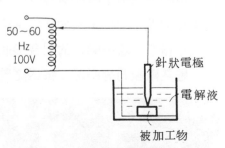

圖1.13　商用週波電源方式（電
　　　　解液中放電方式）

放電加工的進行狀況

1. 實際的放電加工

　　放電加工是使電極與被加工物介於燈油，水等之加工液中，保持數 μ 乃至數 10μ 的間隙相對峙，藉發生高反覆次數的脈波狀放電電流所生成的放電痕之累積進行加工。

　　所謂脈波狀的電流，係指大致一定波高值，一定時間幅的電流，如圖 1.15 所示，反覆作 ON·OFF 之斷續通電的狀態。

　　加於電極與被加工物之間的電源所輸出的脈波電力是採用數十伏特乃至數百伏特的電壓，數安培乃至數百安培的電流，而放電反覆次數則為每秒鐘數千乃至數十萬次左右。

　　在兩極之間，則反覆發生所謂放電電流流通一定短時間後瞬即消失之放電和消弧，由每 1 次的脈波電流產生 1 個放電痕，藉其累積的放電痕進行與電極互為陰陽關係的配合形狀之加工。

　　雖然兩極間的距離，每因隨着加工的進行會有逐漸增加的趨勢，但可

單發放電

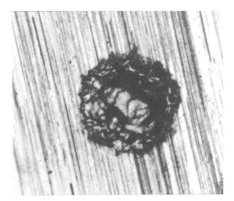

單發放電痕

圖 1.14

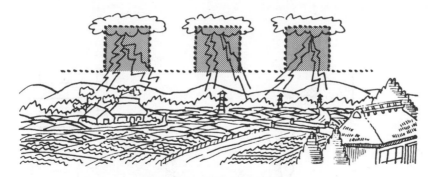

圖 1.15　脈波電流之型式

藉自動控制的追踪保持適當距離，使其能繼續發生放電，而不致於因過於離開導致不能發生放電，或過於接近而發生短路等困擾。

　　放電間隙的大小為數 μm 乃至數 10μm，而電極與被加工物的配合精度亦根據此值，成為加工精度的基本。

　　加工時在兩極間所生成的金屬加工粉，加工液的分解物（瓦斯，碳精，焦油）雖可藉加工時所產生的爆壓（加工液的急速熱分解），加工液的強制循環，電極上下動的幫浦作用等，由兩極間予以排除，但應儘可能予以清淨化，方能獲得良好的加工結果。

2.　良好放電狀態與不良放電狀態

1　放電的分散與放電的集中

　　圖 1.16 表示放電相繼發生，進行加工的情形。

　　連續放電時，放電係依表面的凹凸或液中介在物的分佈情形等，由最易放電之處發生放電。通常為如圖 2 的情形所示，放電是在電極互為相對的面內分散發生。

　　在此狀態下，如圖 3 的情形所示，加工進行得很安定。

　　然而如圖 4 所示情形，若在特定的處所淤積加工粉或其他分解物時，則僅此處變得較易放電，相繼發生的放電則集中於同一處，形成放電的集中。此時，放電集中的處所將產生很大的放電痕，留給其他加工面造成缺陷。

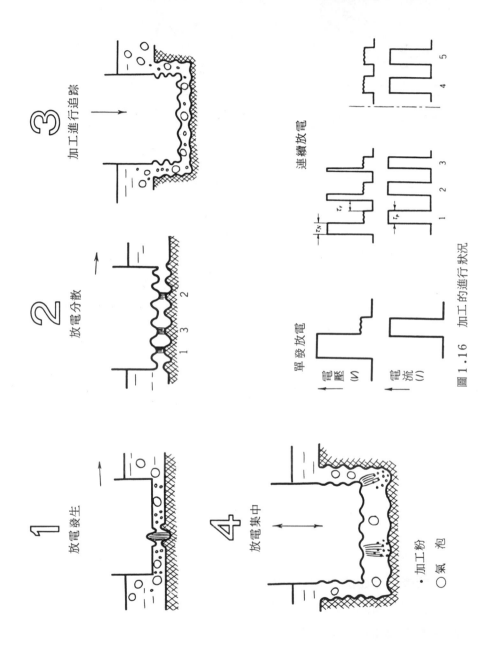

圖1.16　加工的進行狀況

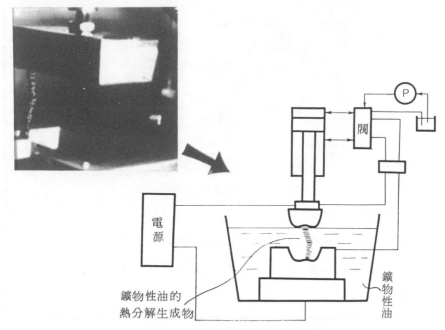

圖 1.17 由於放電集中所發生的兩極間異常狀態

　　放電的集中，不僅使加工面惡化，且因加工用**鑛物性油**的分解所產生的生成物，由於自動控制系統的極間距離追踪作用，邊發生放電，邊往上方成長移動（如圖 1.17 所示），有時亦會超過加工液的水平面，而此時的加工液面若爲可能引火的狀態下則易發生火災。

　　因此，爲進行既安定且安全的放電加工，必須調整爲放電容易分散的加工條件，而若能促其實現，則可以說已掌握到放電加工機的控制技術和加工技術的精髓。

2 避免放電的集中

　　爲避免放電的集中，使其能容易分散，必須考慮下列事項。

a. 加工粉、分解物的排除與加工液之循環。

b. 放電脈波電流間的休止時間之選擇方法。

c. 電極面積的大小與放電能的大小。

加工粉、及加工液的分解物

　　a. 加工粉有如圖 1.18 所示，成爲球狀狀態。係由熱作用被熔

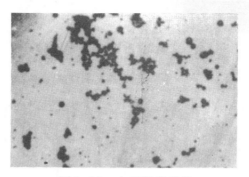

圖 1.18 加工粉的狀態

出的最佳證明。

b. 加工液的分解物：彫模放電加工時的加工液爲燈油，加工時會有氫氣，乙炔，甲烷等瓦斯以及固態碳，焦油等分解生成物。

3. 放電加工之電氣方式理解方法

放電與電壓電流的理解方法

在前面已詳示放電電壓與電流之關係，在此讓我們了解一下它的基本意義。

當放電分散，加工進行順利時，若有無負荷電壓加在兩極間的時間 τ_N 存在，這就是放電後經已絕緣回復的證據。放電集中時如圖 1.19 之 4,5 所示，會連續出現不發生 τ_N 的狀態。這意味着在兩極間維持無絕緣回復的狀態下，曾通過放電電流，故表示放電的發生點集中於一處的可能性高。

今再就圖 1.20 的模擬圖依次說明電氣方式的理解方法。

若放電廻路爲如圖 1.6 所示的電晶體開關廻路，令開關元件的電晶體爲 SW_1，放電間隙爲 SW_2。

首先，SW_1 爲 ON 時，在兩極間會加有電源電壓 E_0。但因放電間隙在此狀態下被絕緣，所以不通電流。

直至由於絕緣破壞發生放電爲止，一直維持加此電壓的狀態下形成遲延現象。

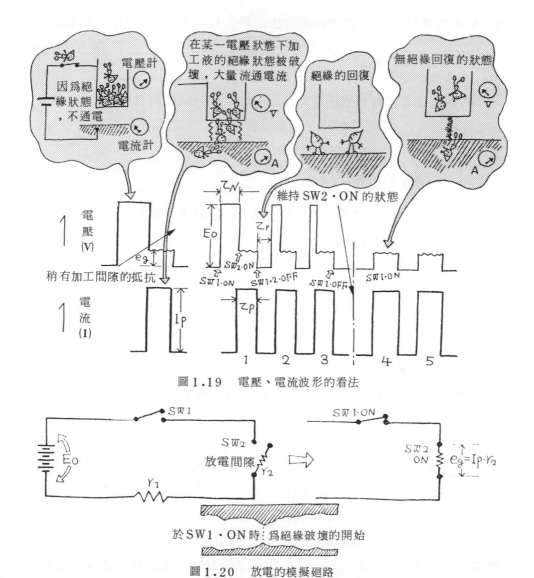

圖1.19　電壓、電流波形的看法

圖1.20　放電的模擬廻路

　　此時，若非極間距離變爲狹窄，便是散在兩極間的塵埃，加工粉等集中於極間電位傾度的高處（即電壓／極間距離大之處，狹窄處），結果，實效上兩極間的距離變得狹窄，當達到絕緣破壞電壓時，SW_2即成爲ON的狀態。

　　由$SW_1 \cdot ON$至$SW_2 \cdot ON$的時間則爲τ_N。

　　由於$SW_2 \cdot ON$雖流通放電電流I_p，但在兩極之間，因I_p的電流通

過兩極間的電阻 r_2，故依據歐姆的法則發生 $E = I \cdot R$ 的電壓下降 e_g。

$$e_g = I_p \cdot r_2$$

e_g 通常依電極材料的組合大致爲一定，銅與鋼的組合爲 $17 \sim 25 \text{V}$，石墨與鋼的組合則爲 $20 \sim 33 \text{V}$，稱爲弧電壓。因之 I_p 的計算亦可由下式求得

$$I_p = (E_0 - e_g)/r_1$$

I_p 流通了後，經過某時間，若使 SW_1 爲 OFF，則電流變爲零，不久 SW_2 亦自然地變爲 OFF。

經過休止時間 τ_r 後，再令 SW_1 爲 ON 時，則可使其發生連續放電。

若在特定處所淤積加工粉或加工油的分解物時，即使 SW_1 已變爲 OFF，SW_2 也依舊很難變爲 OFF 的狀態。若經過休止時間 τ_r 後，SW_2 仍不變爲 OFF 時，則成爲維持不發生無負荷電壓的遲延狀態下流通電流。

4. 作爲加工基準的各種單位

1 加工速度

本來就是用來表示工作效率的，所以應該是愈大愈好，但如圖 1.15 所示，加工速度愈大，則加工面愈粗糙，而間隙也愈大。

在重視間隙的冲剪模，整修模，擠製模等之加工，有時一開始即避免使用粗加工，而採用加工面粗細度良好，間隙小的條件進行加工，此時縱使電極會有多多少少的消耗，也應以謀求良好加工面的條件之下，期望能有較高的加工速度。

留底模具，通常始於加工速度大的粗加工，然後依次更換爲精細的加工，所以粗加工的加工速度本身愈大，效率也愈大。

無論如何，經由粗加工以高加工速度的條件進行加工之後，要更換爲加工面粗細度良好的條件進行加工時，常以較正確尺寸爲小的電極作爲粗加工時的電極使用，然後再以接近正確尺寸的精加工電極接替，以便作精細的加工。

　　其理由爲若僅以一支粗加工電極進行加工，當更換爲精加工條件時，雖然底面可由極間控制作進給加工，但因側面的間隙太大無法完成精加工，以及雖說是低電極消耗的加工，但若進行極爲明顯的粗加工時，有時電極會有皸裂現象產生。

　　爲避免電極發生皸裂，粗加工時有將電極與被加工物間之水平方向間隙予以相對移動，加工至正確尺寸的所謂「靠側加工」之方式。這種方式雖以手動爲主，但近年來已採用自動化方式，並加以行星運動等各種軌道運動爲相對運動，作爲搖動裝置廣被採用。（參看Ⅱ編ＮＣ放電加工）

　　上述由粗加工更換爲精加工以及靠側加工的關係示於圖1.21。

　　又加工速度的單位在日本爲 g／min，美國爲 in³／Hr，歐洲則以mm³

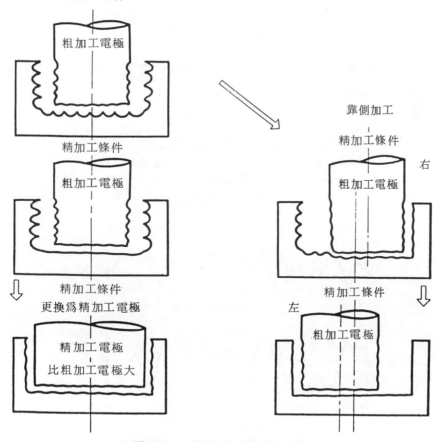

圖1.21　粗加工、精加工之方法

／S來表示。其換算方法如下：

$$1\,g/\min \doteq 0.48\,in^3/Hr \doteq 2.1\,mm^3/sec$$
$$1\,in^3/Hr \doteq 2.08\,g/\min \doteq 4.37\,mm^3/sec$$
$$1\,mm^3/sec \doteq 0.48\,g/\min \doteq 0.29\,in^3/Hr$$

當測定加工速度時，均需測定重量的減少量，故以日本方式的 g／min 單位較為方便。本書一律使用 g／min。

② 加工面粗細度

係表示加工面凹凸不平的情形，當然是愈小，其加工面愈良好。

例如塑膠模，最後尚須藉研磨加工以求得有光澤的加工面者，或如沖剪模，整修模，擠製模等期望側壁的摩擦力小者，都需要有良好的加工面粗細度。

且依材質的不同，在放電加工的粗加工條件之下，有時也會有龜裂發生，所以也需要藉精加工將其去除。

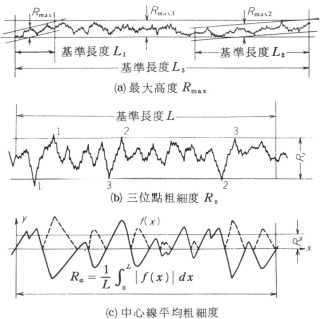

圖 1.22 加工面粗細度的不同表示方法

加工面的表示方法，通常在日本採用 $\mu\text{m}R_{\max}$（自加工面的峯頂至谷底的高度以 μm 表示），美國以 μin r.m.s.（高度的均方根值以 μin 表示），而在歐洲則使用 $\mu\text{m}R_a$（高度平均值以 μm 表示）。本書一律採用 $\mu\text{m}R_{\max}$ 爲準。

$$1\ \mu\text{m}R_{\max}=1/8\sim1/6\ \mu\text{in r.m.s.}$$
$$1\ \mu\text{m}R_{\max}=6\sim8\ \mu\text{m}R_a$$

圖 1.22 表示加工面粗細度的不同表示法。

③　間　隙

係爲電極尺寸減去在被加工物穿孔的孔徑之尺寸差，均分於兩側者。

與加工面粗細度具有同一傾向，間隙愈小，與電極之間的眞實性愈好，可以說是精密加工性的代表。與加工液的清濁，流通滯留與否也會發生變化，清澈的加工液流通時，間隙會變小。也有特別考慮側面初期磨耗的所謂界限間隙者。

④　電極消耗比

係爲電極消耗量除以被加工量的值，此值愈小即表示電極的消耗愈少。通常雖以其重量比來表示，但若使用石墨電極時，因易被加工中的油含浸，導致重量測定不確實，有時得以消耗長度與加工深度之比來表示。

在需求加工面粗細度良好（小）的條件下，欲提高其加工速度時，最好能夠准許電極的消耗較佳（參看 41 頁），而在冲剪模，整修模的加工或線切割的放電加工時則應大膽使用電極易消耗的領域。

又超硬合金鋼的加工，雖亦常使用銀鎢合金（Ag‐W）或銅鎢合金（Cu‐W）等不易消耗的電極材料，但有時由於不能達到低電極消耗之目的以及忌避龜裂的發生等原因，也使用會發生電極消耗的領域。

縱使電極會消耗，但在如上述的用途當中，已可充分發揮其工業價值，非常實用。

然而，放電加工機之所以能夠被廣泛使用的最大原因乃是由於低電極

消耗的實現。

　　於是塑膠模或鍛造模等具有三次元，自由曲面形狀的加工頓成可能，造成模具製作加工方法戲劇性的技術革新。

第2章

電氣條件與加工特性

電氣條件與加工的關係

下列4項可作為表示放電加工的加工特性之代表。

(1) 加工速度 g/min。

(2) 加工面粗細度 μm R_{max}。

(3) 間隙 μm。

(4) 電極消耗比 $\Delta E/\Delta W\%$。

這些加工特性皆由電氣條件所支配，主要是以電流的最大值（I_p），放電電流的時間幅（τ_p）來決定。

且在同一加工特性之下，依其休止時間（τ_r）長短的不同，加工效率也會發生變化。

今設放電電流脈波寬為（τ_p）

無負荷電壓外加時間為（τ_N）

休止時間為（τ_r）

則由放電與休止的每1循環中，若放電電流流通供予加工的時間比例稱為衝擊係數（duty factor），以 D 記號表示，則為

$$D = \tau_p / (\tau_p + \tau_N + \tau_r) \tag{1.1}$$

這些條件與加工的關係到底如何？

上述 4 項加工特性如圖 1.23 所示。

若在縱軸（ Z 軸 ）取放電電流值（ I_p ），橫軸（ Y 軸 ）取放電電流的時間幅（ τ_p ）（ 亦稱爲電流脈波寬 ），補助軸（ X 軸 ）取放電的衝擊係數 D（ $D<1$ ），則

1. 加工速度 I_p ，τ_p 愈大，加工速度愈大，D 愈接近於 1 ，加工速度愈大。

2. 加工面粗細度 I_p ，τ_p 愈大，加工面愈粗糙，則加工速度愈大，加工面也愈粗糙。

3. 間隙 與加工面粗細度具有同一傾向。

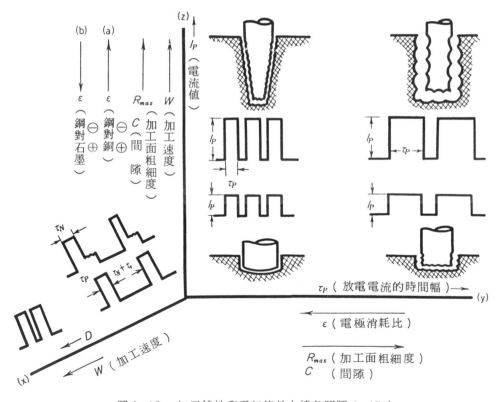

圖 1.23 加工特性與電氣條件（ 請參照圖 2.45 ）

4. 電極消耗　無論如何，τ_p 愈大，則電極消耗愈小。至於 I_p，(a)若以銅電極為陽極（＋）加工鋼時，I_p 愈小，則電極消耗愈小，(b)若以石墨電極為陽極（＋）加工鋼時，則相反，I_p 愈大，電極消耗愈小。此即表示不使電極消耗欲以高速進行加工時，採用石墨電極較為有利。

單發放電痕的形成

　　今以電晶體電源廻路，觀察其僅藉 1 發的放電（單發放電）所形成的放電痕大小與形狀。

　　圖 1.24 (a) 爲僅藉 1 發的放電所得圓形放電痕的俯視圖與其中心凹凸剖面的輪廓圖。

　　此輪廓曲線，因縱向爲橫向尺寸的 20 倍放大比例，故若將其改爲同一擴大率時，則成爲如圖下所示的實態模型剖面圖。

　　可知形成以直徑 d 爲深度 h_1 的 10～20 倍左右之碟盤狀。

　　如此曲線所示，有較基準平面凸出的隆起物，此係熔化金屬被擠出於放電痕之周圍，殘留於材料表面，然後再凝固者。

　　包括隆起物的再凝固層，最後畢竟會有一部分殘留於加工面，形成材

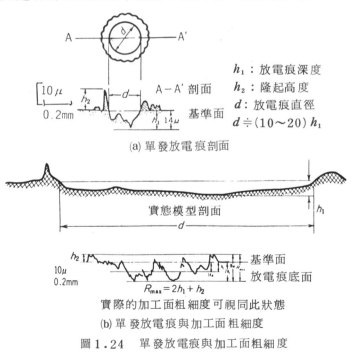

h_1：放電痕深度
h_2：隆起高度
d：放電痕直徑
$d \doteqdot (10～20)\,h_1$

(a) 單發放電痕剖面

實態模型剖面

$R_{max} = 2h_1 + h_2$

實際的加工面粗細度可視同此狀態

(b) 單發放電痕與加工面粗細度

圖 1.24　單發放電痕與加工面粗細度

料表面的變質層。（參照 55 頁放電加工的變質層）

此放電痕的形成過程可說明如下：

陽極與陰極之間的距離保持在 $5 \sim 50 \mu$m 左右的狹窄間隙，當加以 $60 \sim 200$ V 左右的電壓時，兩極間達到高電界強度的狀態，由於電子的電界放射絕緣被破壞，誘發電子突崩，流通放電電流。

在放電點則發生由於火花放電所引起而始自絕緣破壞的短時間弧放電，使電弧腳部蒸發或熔化，同時由於電弧熱導致加工液發生氣化，膨脹，爆發等吹散已被加熱的電弧腳部之金屬，形成放電痕。

由於放電所發生的爆發壓力，根據調查報告稱『放電能量大，又若為同一能量時則脈波寬 τ_p 短而能量密度較高者為大，結局電力尖峰值大，且當脈波寬短的波形時產生大壓力，其壓力大小約等於 $50 \sim 100$ kg/cm^2 左右的大氣壓力。』[4]

單發放電的深度，應視同放電點表面已達到其材料之沸點，在放電電流的流動時間（脈波寬 τ_p）內由於熱的傳導能達到其材料熔點的深度予以推算之值大致相同。[5]

當脈波寬（ τ_p ）較長或尖峰值（ I_p ）較低時，由於熔化金屬殘留，單發放電痕的深度較推算值為淺。圖 1．25 示其情形。

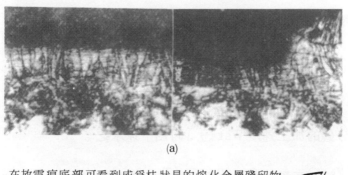

(a)

在放電痕底部可看到成為柱狀晶的熔化金屬殘留物
銅　　　$\tau_P = 280 \mu s$

熔化殘留　　　母材

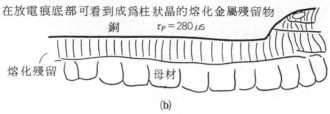

(b)

圖1．25　放電痕的殘留熔化層

單元3

單發放電痕與電氣條件

① 每放電 1 發的加工量

今使用電晶體電源，經多數次的放電加工了後，由放電的發生次數，求其每放電 1 次的加工量，則大致如下。[7]（但是，脈波寬不太長的範圍內）

m；每放電 1 次的加工重量（g）

I_p；放電電流尖峰值　　（A）

τ_p；放電電流脈波寬　　（μs）（10^{-6} sec）

$m = A \cdot I_p{}^B \cdot \tau_p$

銅電極（＋）對鋼電極（一）的鋼之去除量（Wst ⊖）

$A = 1.5 \times 10^2，B = 1.5$

石墨電極（＋）對鋼電極（一）的鋼之去除量（Wst ⊖）

$A = 1.17 \times 10^2，B = 1.5$

② 每 1 分鐘的加工速度

每一分鐘的加工速度 Wst ⊖，可由下述求之。

$$Wst \ominus = m \times f = 60\text{m} \cdot 1/T = 60 \cdot m/(\tau_p + \tau_r + \tau_N)$$
$$= 60A \cdot I_p{}^B \cdot \tau_p/(\tau_p + \tau_r + \tau_N)$$
$$= 60A \cdot I_p{}^B \cdot D = 60 \cdot A \cdot I_p{}^{0.5} \cdot I (\text{g/min})$$

其中　　f：單位時間的放電發生次數

34

T：1 循環的時間

銅（＋）　　對鋼（－）：$W\text{st}\ominus = 0.009 \cdot I_p{}^{1.5} \cdot D$
$$= 0.009 \cdot I_p{}^{0.5} \cdot I \qquad (1 \cdot 2)$$

Gr（＋）　　對鋼（－）：$W\text{st}\ominus = 0.015 \cdot I_p{}^{1.5} \cdot D$
$$= 0.015 \cdot I_p{}^{0.5} \cdot I \qquad (1 \cdot 3)$$

Gr；石墨

上述為標準的加工速度之求法。

實際加工時，因另有加工速度的阻礙要因，必須予以考慮，容述於後。（參照 43 頁）

③　與加工面粗細度的關係

請再翻閱圖 1.24。

(a)為單發放電痕的輪廓曲線，但對(b)的連續加工的加工面粗細度之輪廓曲線來說，是等於放電痕深度的 2 倍（$2h_1$）與隆起高度（h_2）之和。

$$R_{\max} \doteqdot 2h_1 + h_2 \qquad (1 \cdot 4)$$

④　與放電痕直徑、深度的關係

以銅（＋）為電極，單發加工鋼（－）時，放電痕的直徑與深度可由下式求得。[7]

設放電痕直徑為 d，深度為 h_1，則就鋼（－）而言，

$$d = 2.4 \cdot \tau_p{}^{0.4} \cdot I_p{}^{0.4} \qquad (\text{cm})$$
$$h_1 = 1.3 \cdot \tau_p{}^{0.2} \cdot I_p{}^{0.6} \qquad (\mu)$$

其中　　　I_p；放電電流尖峰值　（A）

　　　　　τ_p；放電電流脈波寬　（S）

⑤　放電痕的電流密度

為探討放電加工的電極消耗、加工變質層等，爾後尚須涉及放電痕的

電流密度，故在此順便說明其求法。

設鋼的放電痕密度爲 $J\mathrm{st}(-)/\mathrm{cu}(+)$（$\mathrm{A/cm^2}$）

則

$$J\mathrm{st}(-)/\mathrm{cu}(+) = I_p / \frac{\pi}{4} \cdot (2.4 \cdot \tau_p{}^{0.4} \cdot I_p{}^{0.4})^2$$

$$= 0.22 \cdot I_p{}^{0.2} / \tau_p{}^{0.8} \ (\mathrm{A/cm^2}) \qquad (1.5)$$

註 $J\mathrm{st}(-)/\mathrm{cu}(+)$；係以銅電極（＋）加工鋼時的電流密度

由此可知，當脈波幅 τ_p 長時 J 低，而 I_p 大時 J 多少會提高。

將於後述的低消耗放電加工，則相當於尖峰電流 I_p 低，而脈波寬 τ_p 長時，故應爲電流密度 J 低的時候。

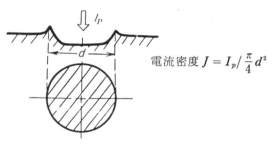

圖1.26 電流密度

短路的難易度與材料的組合

以種種材料的組合進行單發放電時，有時會在剛放電之後立刻發生兩極間的短路。

此乃由於放電所發生的隆起（請參照圖1.24）互相接觸，或熔著致使構成所謂的橋路（bridge）。

圖1.27表示上下隆起物互相接觸的狀態。

以電極材料的組合之不同，發生短路的難易亦不同。

鋼電極與鋼電極的組合，大部分均在單發放電時會發生短路。

銅電極與鋼電極的組合，也比較容易發生短路。

黃銅電極與鋼電極的組合，則短路的發生非常少。

由以上所述可知實際加工時，會有在廣範圍的電氣條件下能作安定加工的材料組合，與在特定的電氣條件之下，由於短路的發生致使加工效率顯著降低，或必須要有特別處理的電氣廻路的材料之組合。

黃銅電極能被選用為初期放電加工的電極，是因為不易發生短路，且能夠進行安定的加工。

最近，在線切割放電加工，頻頻使用黃銅線加工的主要原因之一，亦為加工安定且可提高加工速度。（其另一原因為其抗拉強度幾乎為硬銅線的2倍左右，不易拉斷）

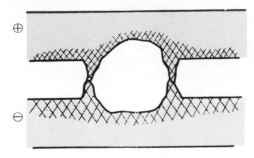

鋼對鋼 ：幾乎全部發生短路
鋼對銅 ：較易發生短路
鋼對黃銅：短路非常少

圖1.27　單發放電痕的短路

　　而在彫模放電加工，黃銅電極會被銅電極取代的原因為，如要實現電極的低消耗加工，當以銅或石墨電極為理想，因黃銅電極是不可能的。

　　若以鋼電極加工鋼材料時，必須在電氣廻路使高電壓重疊等，加大極間距離以防止短路，使加工能夠趨向安定化。

　　放電時，隆起金屬的隆起高度，與其強度，熔著的難易度，放電開始時的間隙大小等，與決定短路的難易度有極密切的關係。

連續放電的加工特性與電氣條件

在此，依連續放電能夠獲得的標準加工特性，試以放電電流 I_p 與脈波寬 τ_p 的函數予以表示。（表1·2）

在廣範圍的實際加工上，雖然會有一部分難於適應的範圍，但爲要表現放電加工的加工特性，藉 I_p 與 τ_p 的函數爲實驗公式，有其重要意義。

尤其示於表1.2的實驗公式，有多種類的材料之組合，祇要使用電算機略加計算，則可獲知其大要。

雖然分爲：(1)加工速度，(2)加工面粗細度，(3)間隙，(4)電極消耗等予

表1.2 依放電電流 I_p 與脈波寬 τ_p 加工的計算法

材 料 加工物；電極	加工速度 W g/min	加工面粗細度 μm R_{max}	間 隙 $C\frac{1}{2}$ μm	電極消耗比 $\varepsilon\% \cdot \Delta E/\Delta W \times 100$
St：Cu(+) $I_p<50A$ $I_p>50$	$W \doteqdot 0.0097 \cdot I_p^{1.5} \cdot D$ $\doteqdot 0.0097 \cdot I_p^{0.5} \cdot I$ $W \doteqdot 0.074 \cdot I_p \cdot D$ $\doteqdot 0.074 \cdot I$	$R_{max} \doteqdot 1.6 \cdot I_p^{0.43} \cdot \tau_p^{0.38}$	$C\frac{1}{2} \doteqdot 3.7 \cdot R_{max}^{0.9}$	以 $\varepsilon < 10\%$ 時成立 $\varepsilon \doteqdot 1.5 \cdot I_p^{1.74}/\tau_p^{1.35}$
St：Gr(+) $I_p<50$ $I_p>50$	$W \doteqdot 0.015 \cdot I_p^{1.5} \cdot D$ $\doteqdot 0.015 \cdot I_p^{0.5} \cdot I$ $W \doteqdot 0.09 \cdot I_p \cdot D$ $\doteqdot 0.09 \cdot I$	$R_{max} \doteqdot 1.1 \cdot I_p^{0.44} \cdot \tau_p^{0.42}$	$C\frac{1}{2} \doteqdot 10 \cdot R_{max}^{0.64}$	以 $\varepsilon < 10\%$ 時成立 $\varepsilon \doteqdot 800/I_p^{0.33} \cdot \tau_p^{0.93}$
St：Gr(−) $I_p<50$ $I_p>50$	$W \doteqdot 0.02 \cdot I_p^{1.5} \cdot D$ $\doteqdot 0.02 \cdot I^{0.5} \cdot I$ $W \doteqdot 0.09 \cdot I_p \cdot D$ $\doteqdot 0.09 \cdot I$	$R_{max} \doteqdot 1.5 \cdot I_p^{0.44} \cdot \tau_p^{0.36}$	$C\frac{1}{2} \doteqdot 10.4 \cdot R_{max}^{0.58}$	以 $\varepsilon < 15\%$ 時成立 $\varepsilon \doteqdot 266/I_p^{0.42} \cdot \tau_p^{0.17}$
St：St(−) $I_p<50$ $I_p>50$	$W \doteqdot 0.005 \cdot I_p^{1.5} \cdot D$ $\doteqdot 0.005 \cdot I_p^{0.5} \cdot I$ $W \doteqdot 0.03 \cdot I_p \cdot D$ $\doteqdot 0.03 \cdot I$	$R_{max} \doteqdot 3 \cdot I_p^{0.32} \cdot \tau_p^{0.26}$	$C\frac{1}{2} \doteqdot 2.2 \cdot R_{max}^{1.08}$	以 $\tau_p > 10 \mu s$ 時成立 $\varepsilon \doteqdot 29/I_p^{0.24}$ （τ_p 無關）

表1.2　（續）

材　料 加工物；電極	加工速度 W g/min	加工面粗細度 μm R_{max}	間　隙 C ½ μm	電極消耗比 $\varepsilon\% \cdot \Delta E/\Delta W \times 100$
St：AgW(+) $I_p < 50$ $I_p > 50$	$W \fallingdotseq 0.015 \cdot I_p^{1.5} \cdot D$ $\fallingdotseq 0.015 \cdot I_p^{0.5} \cdot I$ $W \fallingdotseq 0.04 \cdot I_p \cdot D$ $\fallingdotseq 0.04 \cdot I$	$Rmax \fallingdotseq 33 \cdot I_p^{0.3} \cdot \tau_p^{0.33}$	$C½ \fallingdotseq 5 \cdot Rmax^{0.80}$	以 $\varepsilon < 3\%$ 時成立 $I_p < 50$ $\varepsilon \fallingdotseq 50 \cdot I_p^{1.63} / \tau_p^{1.5}$
St：CuW(+) $I_p < 50$ $I_p > 50$	$W \fallingdotseq 0.01 \cdot I_p^{1.5} \cdot D$ $\fallingdotseq 0.01 \cdot I_p^{0.5} \cdot I$ $W \fallingdotseq 0.04 \cdot I_p \cdot D$ $\fallingdotseq 0.04 \cdot I$	$Rmax \fallingdotseq 3.3 \cdot I_p^{0.3} \cdot \tau_p^{0.33}$	$C½ \fallingdotseq 5 \cdot Rmax^{0.80}$	$I_p > 50$ $\varepsilon \fallingdotseq 4.5 \cdot I_p^{1.63} / \tau_p^{1.16}$
WC-Co：AgW(−) $I_p < 50$ $I_p > 50$	$W \fallingdotseq 0.0083 \cdot I_p^{1.4} \cdot D$ $\fallingdotseq 0.0083 \cdot I_p^{0.4} \cdot I$ $W \fallingdotseq 0.23 \cdot I_p^{0.6} \cdot D$ $\fallingdotseq 0.23 \cdot I / I_p^{0.4}$	$Rmax \fallingdotseq 1.4 \cdot I_p^{0.4} \cdot \tau_p^{0.3}$	$C½ \fallingdotseq 4 \cdot Rmax^{0.83}$	$\varepsilon \fallingdotseq 9.5 \cdot I_p^{0.14}$ （τ_p 無關）
WC-Co：CuW(−) $I_p < 50$ $I_p > 50$	$W \fallingdotseq 0.0083 \cdot I_p^{1.4} \cdot D$ $\fallingdotseq 0.0083 \cdot I_p^{0.4} \cdot I$ $W \fallingdotseq 0.23 \cdot I_p^{0.6} \cdot D$ $\fallingdotseq 0.23 \cdot I / I_p^{0.4}$	$Rmax \fallingdotseq 1.4 \cdot I_p^{0.4} \cdot \tau_p^{0.3}$	$C½ \fallingdotseq 4 \cdot Rmax^{0.83}$	$\varepsilon \fallingdotseq 9.5 \cdot I_p^{0.14}$ （τ_p 無關）

註　(1)　$I_p < 50$ A 的範圍　　　外徑 $\phi 20$　　　內徑 $\phi 7$
　　　$I_p = 75 \sim 100$ A　　　外徑 $\phi 30$　　　內徑 $\phi 7$
　　　$I_p = 150 \sim 200$ A　　外徑 $\phi 50$　　　內徑 $\phi 7$
　(2)　I_p；放電電流的尖峰值（A）；參照圖 1.19，圖 1.47。
　　　D；衝擊係數（Duty Factor）；參照式（1.1）。
　　　I；平均電流值（電流計表示值）；$I = I_p \cdot D$。
　　　τ_p；放電電流的脈波寬（μs）；上式亦採用 μs 數值
　　　　　例若 $\tau_p = 100$ μs 則 $\tau_p = 100$
　(3)　由上式若已知 I_p，則可由電流計查知其所表示的 I 值求取 W。

以表示，但無論任何材料其(1)加工速度，(2)加工面粗細度，(3)間隙等僅為常數的差異而已，皆具有同一傾向。

　　但請注意(4)的電極消耗比一項，在使用石墨電極時其傾向有顯著的差異。

　　有關(1)～(4)各項與在 24 頁既述各項相同。

　　在此則稍定量性地了解其傾向，應用上述的實驗公式來表示加工速度，加工面粗細度，電極消耗之間的關係。

今以銅（陽極）加工鋼作為比較的代表例予以說明。

① **加工速度與加工面粗細度、電極消耗比之相反關係。**

三項特性之中，僅能滿足其中二項，而另一項必須予以犧牲。

加工速度　　　　$W = 0.0097 \cdot I_p^{1.5} \cdot D \cdots$　　欲使 W 大，I_p 要大。

加工面粗細度　$R_{\max} = 1.6 \cdot I_p^{0.43} \cdot \tau_p^{0.38} \cdots$　雖然 I_p 大，但祇要 τ_p 小，$R_{\max}$ 則小。

電極消耗比　　$\varepsilon \doteqdot 1.5 \cdot I_p^{1.74} / \tau_p^{1.35} \cdots$由 I_p 大，τ_p 小，ε 則大。

因此，為求得良好加工面提高加工速度時電極之消耗必定會大。

但是使用石墨電極時因 $\varepsilon = 8 \times 10^2 / I_p^{0.33} \cdot \tau_p^{0.93}$，故即使 I_p 大，τ_p 小，ε 的增加不及銅電極。

② **同理，若採低電極消耗，提高加工速度時，加工面的粗細度會很差。**

③ **若採低電極消耗與良好加工面的條件，加工速度必然要減低。**

第3章

放電加工的「疑點」

　　在前節雖已將加工速度，加工面粗細度，間隙，電極消耗等的加工特性，以放電電流的尖峰值 I_p，脈波寬 τ_p 的函數表示於實驗公式，但僅靠這些並無法將放電加工的加工特性全部充分表現。

　　於是將可作為加工工作實務上正確見解的基本規律性重要指標分為：(1)加工速度，(2)間隙，(3)電極消耗，(4)加工的變質層等加以敘述。除指示法則性的指標之外，亦就其原理詳加解說。

有關加工速度的「疑點」

面積效果

● 為何小孔的加工必須使用小電流的加工條件

● 為何線切割放電加工，板愈厚，加工速度愈增加

　　加工速度亦深受電極面積的影響，當電極面積太小時加工速度會降低。又若針對其條件，電極面積太大時，也會降低加工速度。

　　且在某加工面積（$S_w max$）時的加工速度為最大，愈粗加工，$S_w max$愈大。在粗加工時，將平均電流除以電極面積的值若為 5 A／cm² 左右的加工面積，則加工效率最為良好。（參照表1·2）

　　面積太小時，反而在加工面粗細度小的條件下，加工速度有時會稍微提高。（參照圖1·28）

　　小孔的穿孔加工或線切割放電加工，均屬於小面積的放電加工，故若試以粗的加工條件欲提高其加工速度時，反而會遭受阻礙。

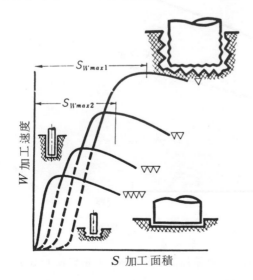

圖 1.28　當加工面積小時，粗的加工
　　　　　條件反而會使加工速度降低

表 1.3 板厚的變化與線切割放電加工速度的變化之關係

加工進給速度的調查（Dr. HORN）（mm/min）（木下）		
工作物板厚	鋼	超　硬
50～100mm	0.4～0.25mm/min	＜0.25mm/min
10～ 50mm	0.8～0.4 mm/min	0.7～0.25mm/min
2～ 10mm	1.0～0.8 mm/min	0.9～0.7 mm/min
線（銅，黃銅，φ0.2mm），並將進給速度（mm/min）改寫爲 加工速度（mm²/min）		
工作物板厚	鋼	超　硬
50～100mm	20～25mm²/min	＜25mm²/min
10～ 50mm	8～20mm²/min	7～12mm²/min
2～ 10mm	2～ 8mm²/min	1.8～ 7mm²/min
再考慮槽寬（例如0.38mm），求其加工體積速度（mm³/min）		
工作物板厚	鋼	超　硬
50～100mm	7.6 ～9.5mm³/min	＜9.5 mm³/min
10～ 50mm	3.8 ～7.6mm³/min	2.66～4.56mm³/min
2～ 10mm	0.76～3.8mm³/min	0.69～2.66mm³/min

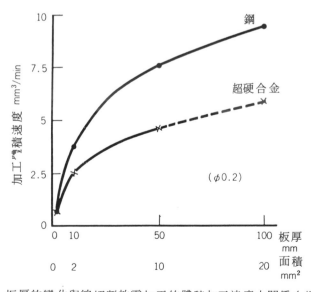

圖 1.29 板厚的變化與線切割放電加工的體積加工速度之關係（根據表 1.3 ）

　　類似此情形，若採用次頁所述電容器放電的精加工，反而會獲致良好的結果。

　　而且此種小面積的加工，即使是很微小的加工面積之增減，也會很敏感地影響其加工速度。

　　例如在線切割放電加工時，由板厚的增減對其加工速度的影響之大，亦可獲得理解。（表1·3，圖1·29）

面積效果的原理[8]

　　欲依照電氣條件發揮最大加工速度，必須要有安定的加工，因此為促使放電分散所必須的小突起之數量（誘發放電用），必須均勻分布於電極相對向的面內。

　　若加工面積太小，放電易集中，結果不得不對與（1，2）式所示**實驗公式** $W = 0.009 \cdot I_p^{1.5} \cdot D$ 有關之衝擊係數 D 值取小。所謂加工表面良好的條件，即為小突起數量的分布多，故放電的分散較為容易。（參照圖1·30）

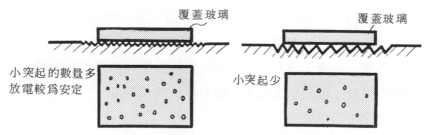

覆蓋玻璃　　　　　　　覆蓋玻璃

小突起的數量多　　　　　小突起少
放電較為安定

圖1.30　誘發放電的小突起之分布

脈波幅效果

● 為何當脈波寬太長時，加工速度會降低。

　　放電加工的加工速度，在表1·2記載如下。

$$W = 0.009 \cdot I_p^{1.5} \cdot D \qquad\qquad (1.2)$$

圖1·31係表示實際加工時的加工速度予以圖表化者。

（1·2）式即自多次的放電發生中求其每1發放電的加工量予以算出者

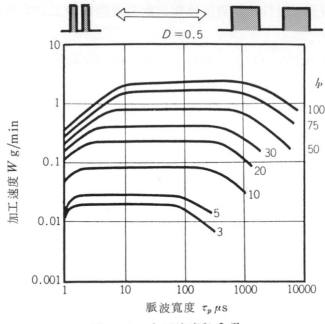

圖 1.31 加工速度與 I_p 及 τ_p

。（參照 34 頁）

因此，在(1‧2)式中，加工速度 W 僅由電流尖峰值 I_p 與衝擊係數 D 來決定，而與脈波寬並無關係。

另一方面，如圖 1‧31 所示，脈波寬的狹窄範圍與太長範圍，雖然 D 是同一衝擊係數，但顯示加工速度均有降低的傾向。

就此現象再加以說明。

脈波寬較短的一方，被認爲因尖峰電流要升至規定的電流值相當費時，實際的 I_p 未能達到指示的 I_p 爲其最大原因。（參照圖 1‧48）

如圖所示，脈波寬較長的一方之加工速度會降低的原因，即被認爲如（36）頁所示的放電痕的電流密度 J，當脈波寬大時電流密度下降，放電壓力降低，熔融金屬無法充分飛散，致使殘留的熔融金屬增多的關係。

脈波寬若繼續不斷地增加，將會成爲加工不安定的狀態，這亦被認爲因飛散熔融金屬的壓力減少的關係。

且尖峰電流若降低，即由脈波寬較短之點起加工速度開始降低，這似有遵循「放電壓力係與能量成正比，而能量密度較高者較強」之現象。（

參照 33 頁）

　　加工面粗細度亦與加工速度具有同一傾向，在脈波寬太長的範圍之內，其粗細度會減少。又脈波寬若極端增長時，將會成爲帶有光澤的加工面，其表面粗細度會變得相當小。然而似此加工面，因其變質層亦厚，且加工效率也較差，並非實用的範圍。

有關間隙的「疑點」

要瞭解間隙必須先就(a)與加工面粗細度的關聯(b)與加工液的清濁、流通滯留等的關聯進行檢討。

與加工面粗細度的關聯

彫模放電加工若加工面粗細度已確定，即其間隙可自行決定，已如表 1.2 所述，今將其圖示於圖 1.32 。

間隙係依放電能的大小與加工液的清濁，流通滯留與否等而變，大致上可由加工面粗細度來決定，並深受加工液的吸引和噴出及無法流通等因素的影響。

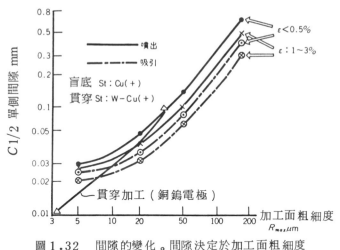

圖 1.32　間隙的變化。間隙決定於加工面粗細度

受加工液的清濁、流通、滯留之影響

● 爲何在加工液的噴出與吸引兩方式中，噴出方式的間隙較大。

吸引方式是藉流送清澄的加工液於形成間隙的側面以增加側面的絕緣耐力，避免因放電導致側面擴大的方式。

若依據噴出方式，因自加工間隙排出含有多量加工粉的加工液，在通過側面時會由於絕緣耐力降低的放電，更加促使側面間隙擴大。（參照140，141頁，圖2.47，圖2.48）

吸引與噴出兩方式的間隙差異為10～50％，通常噴出方式會較大。且在加工速度較大的條件下，其差異特別大。

盲底加工與貫穿加工的間隙之差異

在貫穿加工時的間隙，雖然加工面粗細度並沒有那麼粗糙，但在加工速度大的範圍內，有時也會增大。其原因為在貫穿加工時可容許電極消耗，因之可針對加工面粗細度加大其加工速度，於是加工粉的產生也增多，間隙自然亦會擴大。

當加工液滯留時

如圖1.33所示，若間隙會由下方向入口逐漸擴大時，途中的滯留部有時也會擴大。其有效防止方法為電極的上下動或搖動加工。（參照112頁）

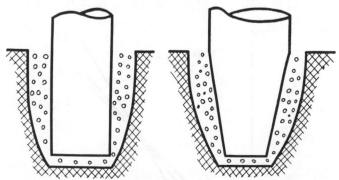

圖1.33 似此情形時，加工液滯留，間隙不安定，有時會導致滯留部擴大

有關電極消耗的原理 與其「疑點」

1. 低電極消耗的成立條件與其特性

1 低電極消耗的成立條件祇限於下列情形時

被加工材料：鐵鋼，鋁，鋅，黃銅為陰極（－）

（亦稱為逆極性）

電極材料 ：銅，石墨，銀鎢，銅鎢為陽極（＋）

設電極消耗比為0.5%時，在同一消耗比之下，加工速度W與加工面粗細度R_{max}的關係到底怎樣？現在作一比較。

如圖1.34所示，使用石墨電極時，在加工面粗細度較粗的範圍內可提高其加工速度。

另一方面，若使用銅，銅鎢合金電極時，即在加工面粗細度較細的範

低消耗特性比較

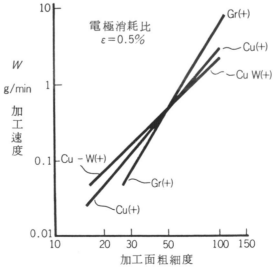

圖1.34 在同一消耗比之下各種電極的加工特性

圍內，較石墨電極可提高其加工速度。

2　電氣條件之比較

今將有關放電痕電流密度之（1.5）式再記如下：

$$J\mathrm{st}/\mathrm{cu}(+) = 0.22 \cdot I_p^{0.2}/\tau_p^{0.8}(\mathrm{A/cm^2}) \qquad (1.5)$$

而電極消耗比的公式爲 $\varepsilon = 1.5, I_p^{1.74}/\tau_p^{1.35}$

爲使 ε 小，必須取 I_p 小，τ_p 大，於是 $J\mathrm{st}/\mathrm{cu}(+)$ 值才會低。

今以上述兩公式求取能得 $\varepsilon = 0.5\%$ 左右的電流密度爲

$$J_1 = 7 \times 10^3 \sim 10 \times 10^3 \mathrm{A/cm^3} \ 左右$$

這與加工沖剪模有消耗條件之

$$J_2 = 400 \times 10^3 \sim 1,400 \times 10^3 \mathrm{A/cm^2}$$
$$(4 \times 10^5 \sim 1.4 \times 10^6 \mathrm{A/cm^2})$$

互相比較，可知其電流密度確有降低二位數。

2.　低電極消耗加工的原理

●爲何低電極消耗能依據前述條件成立

下述三種因素極可能造成電極低消耗的原理。

a. 基於材料固有特性熱傳導率與融點之積（$\lambda \cdot \theta_m$）的大小，依加工所需最低能（energy）密度之差，低消耗得以成立。

b. 由於加工油的分解作用，對陽極側受碳精的附着與其保護作用的影響。

c. 由於陽極與陰極的能量（energy）分配比率隨着 I_p，τ_p 的變化而發生變化。

1　熱傳導率與融點之積（$\lambda \cdot \theta_m$）及加工最低能量密度

使用電子束裝置，求取加工所必需的最低能量密度（能穿孔的最低能

表1.4 加工所必需的最低能量 （實驗值）

材　　　料	融點 θ_m 〔°C〕	$\lambda \cdot \theta_m$〔W/cm〕	J_{min}〔W/cm^2〕
W	3,377	4,940	3.2×10^7
Cu	1,084	4,000	3.2×10^7
Ag	960	3,890	
Mo	2,577	3,730	2.9×10^7
Al	659	2,740	1.5×10^7
Ta	2,997	2,093	1.7×10^7
Pt	1,770	1,556	1.3×10^7
Fe	1,539	1,230	9.2×10^6
Ni	1,455	600	8.2×10^6
不　銹　鋼	1,425	520	1.1×10^7
Ti	1,672	315	4.5×10^6

λ：材料的熱傳導率〔$W/cm \cdot °C$〕
J_{min}：加工所必需的最低能量密度

量密度），可得如表1.4的結果。

由表可知，加工所必須的最低能量密度 J_{min} 大致與材料的熱傳導率 λ 與融點 θ_m 之積（$\lambda \cdot \theta_m$）成比例。

換句話說，如鐵或不銹鋼 $\lambda \cdot \theta_m$ 小的材料，祇要以低能量密度就容易加工，但如銅或鎢 $\lambda \cdot \theta_m$ 大的材料，則必須以高能量密度，否則就很難進行加工。

因電子束爲眞空中的加工，所以其必須的最低能量密度雖比液中的放電加工全面提高，但也可視爲在液中的放電加工具有同樣的傾向。

即所謂放電加工的低電極消耗，乃是利用加工所必須的最低能量密度差者，也可以說是：

「以最低能量密度高的銅，銅鎢合金，銀鎢合金爲電極，將最低能量密度低的鐵鋼類，藉此兩者之間的能量密度予以加工者」

然而，所謂能量密度低的電氣條件係指如 39 頁(1.5)式所示，脈波寬 τ_p 長，尖峰電流 I_p 小。

如三角波形，漸漸增加電流則能量密度亦會降低。三菱電機公司的超低消耗廻路即是應用此一原理。

　　另一方面，若要將含有加工所必須最低能量密度高的材料之加工物，如銅，鎢等予以放電加工時，與上述相反，選擇高能量密度的加工條件，即脈波寬 τ_p 短，而電流尖峰值 I_p 高的電氣條件，雖無法達到低電極消耗加工的效果，但可提高加工效率。

　　筆者認為也許可由上述加工能量密度的最低值與 $\lambda \cdot \theta_m$ 的關係來代表加工的難易程度。

　　就一如切削加工有一所謂被削性（machinability），筆者在此提倡以 $\lambda \cdot \theta_m$ 來作為代表熱加工性（thermal-machinability）的係數。

② 由於附著加工油分解碳精的保護作用

　　圖 1.35 表示附着於電極面的鐵（係由被加工物的鋼轉移者）和碳精（係由於加工油的分解所形成者）的測定值。由圖可知，當銅電極在陽極側時，若其脈波寬 τ_p 加長，則其附着量遠較以銅電極為陰極時增加很多[9]。

　　電極的低消耗，雖藉此附着物的保護作用亦為重要原因之一，但若故意使其不附着而特別加強液流時，可知電極消耗會隨之增加[10]。

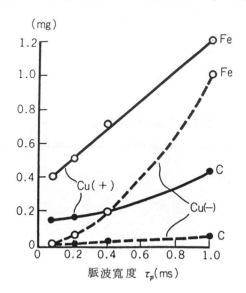

圖 1.35　銅電極的極性與分解碳精及鐵的附着之比較

③ 陽極與陰極能量分配的變化

　　雖係藉銅電極加工銅之同一電極材料的組合加工，但在脈波寬 τ_p 尚短時，陽極側的加工量增多，而隨着 τ_p 的加長則有陰極側的加工量會增多的趨勢。

　　這雖然不像加工鐵時那樣的低消耗加工，但對 τ_p 長短導致電極消耗的趨勢，則與鐵和銅（陽極側）的組合加工相同。圖 1．36 表示電弧能（arc energy）對兩極的分配是依脈波寬 τ_p 而異，以及電極消耗量的變化情形。

　　此現象有如下述的看法。即『放電電流（電弧電流）的構成係由電子電流與離子（ion）電流所形成，在脈波寬 τ_p 較短的範圍內，電子電流所占的比例較大，而 τ_p 愈長，則因離子電流所占比例愈大，故若以電極極性而言，在 τ_p 短時，以陰極為電極，而 τ_p 長時，則以陽極為電極較為有利』。[18] [19]（元木）（snoyes）

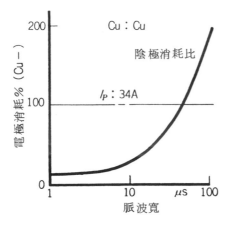

脈波寬愈大電極消耗比愈大

圖 1．36　不同脈波寬與能量（Energy）分配之變化

有關加工變質層的「疑點」

放電加工既為在液中藉短時間的電弧放電所產生的高溫高壓形成的放電痕之累積，因此離加工面某深度的被加工材，深受急熱，急冷的熱變化和在高溫高壓下的物理、化學作用的兩方影響，生成與母材不同的變質層。

在此把它分為在燈油等礦物質油中進行加工的「彫模放電加工材」與在水中進行加工的「線切割放電加工」兩種情形加以說明。

熱源的存在時間（脈波寬的長度）

● 為何脈波寬度 τ_p 愈長變質層愈厚？

放電加工的放電點之溫度為電弧腳部分的溫度，故至少可認為達到材料之沸點。

雖然電弧腳的高溫會傳導至材料內部，惟熱源的存在時間愈長傳熱愈會深入材料內部。

此時，放電電流的脈波寬 τ_p 的長度即為熱源的存在時間。

實際上，依據熱源的存在時間達到融點的深度附近，有會被去除或殘留的兩種情形。

當放電電流的尖峰值 I_p 大，脈波寬 τ_p 短的放電痕之電流密度 J 較高的情形下其熔融金屬的殘留少，而像低電極消耗的加工條件 J 較低時，殘留增多，變質層的厚度則與加工面粗細度成比例增加。

通常，變質層的厚度較薄時與加工面粗細度相同，而較厚時（低電極消耗）大致為 2 倍左右。

若欲減少由於熱影響所形成的變質層時，應儘可能以脈波短的加工條件進行加工較有效。

這對易破裂材料（如超硬合金鋼）的加工尤為重要。

超硬合金鋼（WC-Co等）雖因材料的溫度升高，其材料強度不易減

$I_P = 8.3\,\mathrm{A}$, $\tau_P = 20\,\mu\mathrm{s}$　　　　　　$I_P = 8.3\,\mathrm{A}$, $\tau_P = 500\,\mu\mathrm{s}$

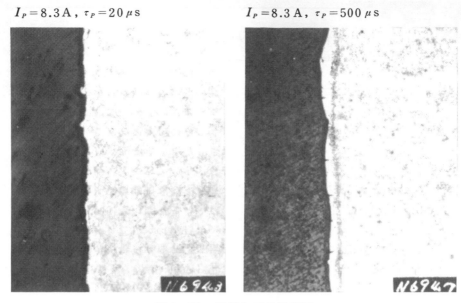

圖 1.37　放電加工的變質層

弱（高溫強度高），故經不起由於溫度梯度所產生的熱應力，易發生龜裂。其防止方法則應儘可能選擇脈波寬短的電氣條件。

　　圖 1.37 表示不同脈波寬長度的變質層剖面照片。

　　電子束等其他的電氣加工，其脈波寬和熱影響層的法則都是一樣的。

彫模放電加工所形成的變質層

● 爲何在油中放電加工所形成的變質層會產生浸碳硬化？

　　鐵鋼材料經油中放電，由於油的分解所產生的碳精在高溫高壓下進行浸碳作用，在高含碳量的狀態之下生成高硬度的表面層（白層）。

　　這是由麻田散體（martensite）和殘留沃斯田體（Austenit）與未熔解碳化物所形成，其微維克氏（Micro-vicker's）硬度在 1000 甚至達到 1000 以上。

　　圖 1.38 表示極端加大析出變質層時表面的硬度變化與其放大照片。

　　此例雖然特意製成極粗的 $R_{\max} = 250\,\mu\mathrm{m}$ 的加工面，然而其受影響的表面厚度也有加工面粗糙度的 2 倍。

　　加工過的表面，由於經一度熔融後再凝固的變質層之存在，在其表面

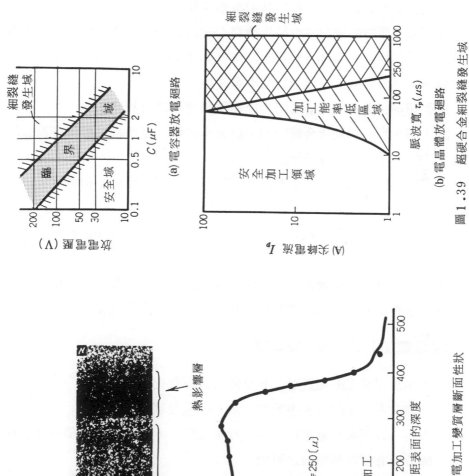

（a）電容器放電廻路

（b）電晶體放電廻路

圖 1.39 超硬合金細裂縫發生域

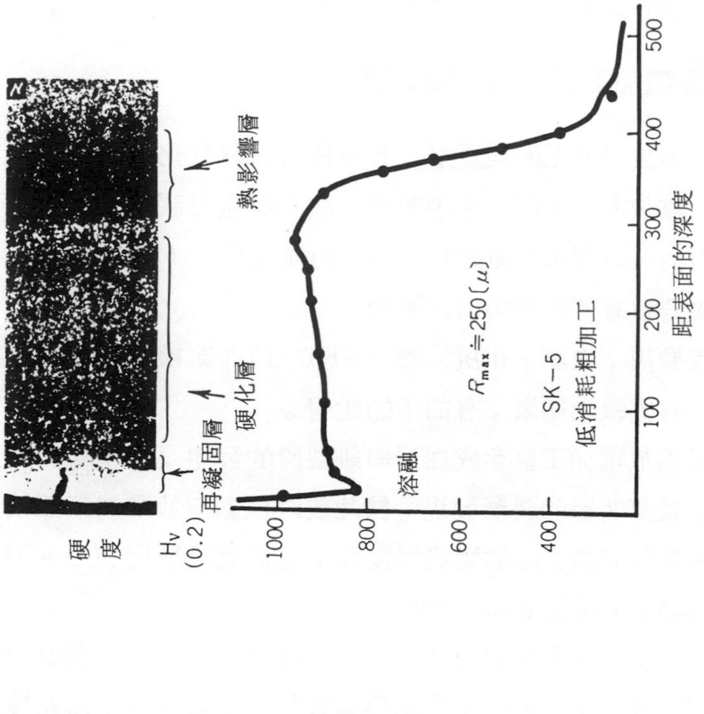

圖 1.38 放電加工變質層斷面性狀

尚留有拉應力作用後的殘留應力[11]（約 $70 \sim 80 \, kg/mm^2$ 左右）。似此拉應力的殘留，將會減低疲勞強度（但壓縮應力反而增強），故應儘可能將其加工至精密加工面，相信對模具的壽命等較有幫助。

透過加工面的白層有時會發生微裂（micro-cracks），這常見於含有多量鉻，鎢，鉬，釩等合金元素的冷作模具鋼，熱作模具鋼，高速度鋼，耐熱鋼等，至於碳鋼或低合金鋼則不會產生[12]。

這與超硬合金鋼同樣，易發生於高溫強度較高的材料。

圖 1.39 表示超硬合金鋼的細裂縫發生區域。採用電晶體電源時以脈波寬 τ_p 在 $10 \, \mu s$ 以下為安全加工領域。

使用電容器放電廻路時，雖以 $1 \, \mu F$ 以下為安全領域，但與電壓也有密切的關係。

若較 $1 \, \mu F$ 大，則連單發放電痕也會有發生細裂縫（hair-crack）的可能。

模具鋼與超硬合金鋼比較，其安全加工區域雖然加寬很多，但如有發生龜裂顧慮的加工，應在精加工時充分去除粗加工面為佳。

線切割放電加工所形成的變質層

• 為何水中放電加工的變質層，有時會較母材軟化？

線切割放電加工因在水中放電，故不發生浸碳作用。

然而另一方面除放電之外，尚進行陽極氧化（被加工物為陽極），所以有一部分會有被電解熔出之可能。

根據齊田，內藤，川尻[13]等以 SKD-11 作彫模放電加工與線切割放電加工的比較實驗之結果，有如下的說明。

a. 彫模放電加工會生成白層與細裂縫的發生，但在線切割放電加工時，並無明顯的裂縫發現，據此或許線切割放電加工面較優。

b. 彫模放電加工面的變質層硬度，在維克氏硬度 $900 \sim 910$，較母材為高。（母材 $800 \sim 840$）

　　而線切割放電加工面則為維克氏硬度 440，反而顯著降低。

c. 變質層的化學組織，在彫模放電加工面為浸碳，而在線切割放電加

工面，則爲銅（陰極線材）與鐵固熔後形成軟的銅－鐵固熔體，混合在碳化物或殘留沃斯田體之間，降低其硬度。

因此認爲必須將此層（數 μm）去除爲佳。

三菱電機公司已證實，超硬合金鋼經線切割放電加工後會表面軟化（WC的脫落，陽極氧化等），而其原因即爲電解作用所引起的，於是可阻止水中放電電解作用之交流高周波電源被開發成功。

據說用此電源加工的加工面可獲得無缺陷的加工面。

不僅是超硬合金鋼，連對碳化物或複碳化物多的特殊合金鋼之線切割放電加工也有效。

變質層厚度及單發放電痕的熔融深度計算方法

● 爲何變質層的厚度也可視爲加工面的粗糙程度？

變質層的構成可視爲由熔融但殘留於放電痕底部的再凝固層與隆起，以及因放電產生的高溫傳至材料內部，生成與母材金屬組織不同的組織等部分所形成。

因之，變質層的厚度深受放電的發生而來自加工部分表面的溫度分布之影響。

欲以理論計算求其變質層厚度時，必須應用熱傳導理論。

在此介紹其計算方法之一例。[14]並示其計算例。

變質層厚度的計算方法

其計算方法爲視放電點的表面溫度在材料之沸點，並假定熱源繼續存在於放電點的時間相當於脈波寬 τ_p，求達到能影響材料組織變化之溫度時的深度。

依此計算方法亦可求得單發放電痕的熔融深度（達到融點 θ_m 的深度 h）。不過，放電痕的熔融深度，會由於放電痕底部的殘留再凝固層受放電壓力大小的影響，故 I_p/τ_p 愈小愈較計算值小。

由圖可知，變質層的厚度約爲單發放電痕的 2 倍以下，因之並不見得會比加工面粗糙度〔$R_{max} = 2h_1 + h_2$；參照 32 頁〕大。

＜假設＞

a. 設放電點的表面溫度在其材料之沸點（ θ_b ）。
（電弧的腳部爲其材料沸點附近的溫度[15]）

b. 在半無限體的表面，自時間 $t=0$ 的瞬間起持續作用一定溫度 θ_b 時，求距自表面 h 深處 $t>0$ 的瞬間之溫度 θ 。

$$\theta = \theta_b \left[1 - \frac{2}{\sqrt{\pi}} \int \frac{h}{2\sqrt{k \cdot t}} e^{-\beta^2} d\beta \right] \qquad (1\cdot6)$$

其中 $k = \dfrac{K}{\rho C}$ ＝溫度傳達率， K ＝熱傳導率， ρ ＝密度，

$$C = 比熱$$

$$\frac{2}{\sqrt{\pi}} \int \frac{h}{2\sqrt{k \cdot t}} e^{-\beta^2} \cdot d\beta = erf(x) = 誤差函數$$

c. 設放電繼續時間（脈波寬）爲 t ，在其時間終了時能達到溫度 θ 的深度爲 h 。

＜計算例＞

表 $1\cdot5$ 示代表性材料的 θ_m/θ_b 與 k 之值，圖 $1\cdot40$ 示熱源持

表 1.5 各種材料與傳熱常數

材　　　　料	k[cm^2/sec]	θ_m/θ_b
鋼（St）	0.13	0.56
銅（Cu）	1.10	0.47
黃銅（Bs）	0.25	0.46
鎢（W）	0.79	0.59

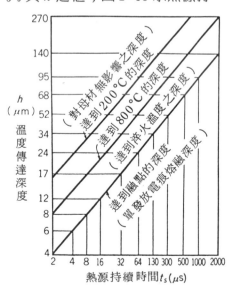

圖 1.40 熱源持續時間與溫度之傳達深度

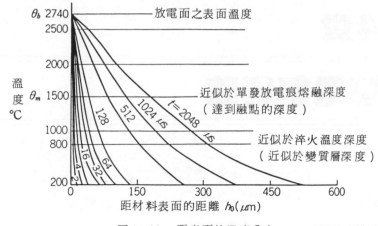

圖1.41 距表面的溫度分布

續時間與溫度之傳達深度，圖 1.41 示溫度之分布。

第4章

了解電氣廻路

電氣廻路的基本

決定放電加工的加工特性者爲放電電流的尖峰值（I_p）與時間幅（τ_p），而與加工效率息息相關者即爲休止時間（τ_r）。

控制 I_p，τ_p，τ_r，使放電電流適合於所需加工者即爲電氣廻路。

在此敘述代表性的三種廻路。

(1) 電容器放電廻路

(2) 電晶體放電廻路

(3) 附有電晶體控制的電容器廻路

1. 電容器放電廻路

如前述（8頁）此廻路自放電加工初期沿用至今。

將藉充電電阻充電於電容器的電荷予以放電之此種方式，易獲得高尖峰值 I_p，電流脈波寬 τ_p 短的放電電流，適於精加工。（電流的計算方式請參照 67 頁）

然而，由於無開關廻路，且電源與極間介着電阻相聯，若欲使一度放電後加快下一次的再充電，以便縮短放電的發生間隔（充電時間 t_c）時，

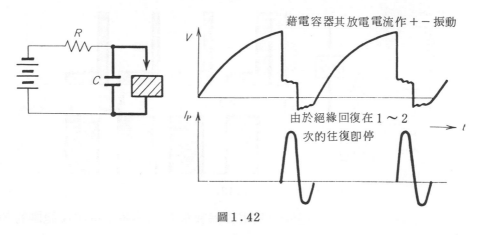

藉電容器其放電電流作＋－振動

由於絕緣回復在 1～2
次的往復即停

圖 1.42

即因極間的絕緣回復未達成以前電流流入，在電容器未再充電之狀態下，易發生電流集中於極間的同一放電點。因此，易發生俗稱電弧放電之放電的集中現象。

這是促使加工面粗糙，或發生短路等成為導致損及加工效率以及加工結果的原因。

因此，如圖 1.42 所示電容器放電廻路，充分隔開放電與放電的間隔（加長 τ_r）進行加工，而 (1.1) 式的 D（衝擊係數）最多也祇不過 5～1 ％，加工效率也偏低。

而且使用電容器放電廻路時，由於裝置的各種限制，I_p，τ_p 無法作廣範圍的變化。因此，現在祇限用於能充分發揮電容器放電的特長時（如消耗電極精加工，小面積精加工，小孔的穿孔加工等），至於彫模加工則以下述電晶體放電廻路為主。

2.　電晶體放電廻路

係由直流電源通過開關用的電晶體與電流限制用的電阻連接於極間的廻路，藉電晶體作 ON・OFF（導通・不導通）的反覆動作，加矩形波電壓於極間，並藉放電的發生流通矩形波電流。

由於設有開關廻路，可強制遮斷電流，故難形成所謂電弧，可縮短放電與放電的間隔。因之，D 常以數 10 ％的狀態下被使用（最高時為 90 ％，通常為 50 ％以上），進行高效率的加工。

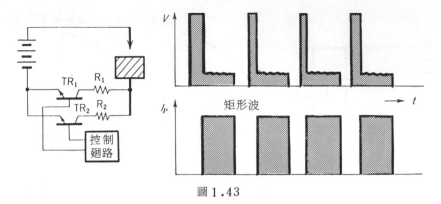

圖 1.43

　且電流的 I_p ，τ_p 的控制也較電容器放電容易得多，可作廣範圍的加工條件之選擇。

　而且極間的絕緣回復，可藉電壓上升的無負載電壓之存在予以確認，故可利用爲極間狀態的檢查手段，進而可作休止時間 τ_r 的最適值之控制，可更加提升加工效率。

　因此，現在的彫模放電加工機，概以電晶體電源方式爲主。

3. 附有電晶體控制的電容器廻路

　是在前述電容器放電廻路的充電廻路部分，加入電晶體開關元件者。

　這是因電源與極間可藉開關廻路予以隔絕，在放電電流流通中可遮斷電源，防止未達成絕緣回復狀態下的電流流入，故難形成俗稱電弧，可提高衝擊係數 D 。

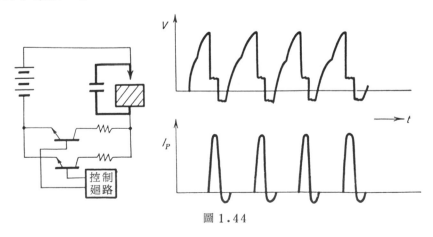

圖 1.44

　　在電晶體電源非常難得的，尖峰值 I_p 高且脈波寬 τ_p 狹窄的電流成爲加工上很方便的電源，廣用於線切割放電加工機，穿小孔加工機，及超硬合金鋼的專用加工機等。

4.　其他廻路

　　昭和30年代（1955）曾經採用過交流高周波電源。[17]

　　這是藉自勵發振高的周波數，獲得比電容器放電更高的 D（衝擊係數），欲以更接近加工面粗細度較細的加工領域之狀態下，獲得較大加工速度者。

　　然而，由於無法作電極的低消耗加工，雖隨着電晶體電源的出現而消聲匿跡，但如線切割放電加工，有關在水中進行的放電加工型式，被發現有防止電解作用的特性，已有再被使用的傾向。

專爲欲更加需要了解詳情的讀者而寫＜電氣諸量的計算方法＞

　　在此特就放電加工時之電壓，電流，加工電力諸關係就前述三種類的電氣廻路，作定量性敍述。

　　藉了解，不同種類電氣廻路之電流波形的特長，認識何種加工適用何種電氣廻路，則爲本節之目的。計算例所使用廻路的常數是通常被採用者。

1.　電容器放電加工廻路[2]

(i)充電廻路與放電廻路的電壓電流特性（圖1.45）

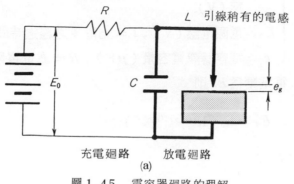

充電廻路　　放電廻路
(a)
圖1.45　電容器廻路的理解

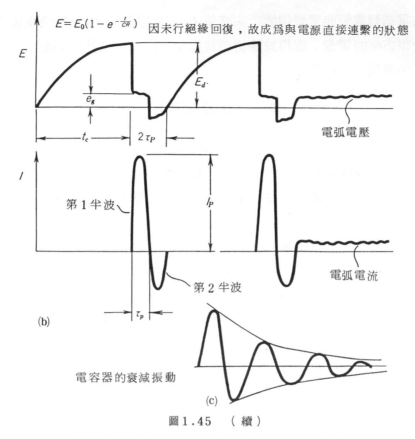

$$E = E_0(1 - e^{-\frac{t}{CR}})$$ 因未行絕緣回復，故成爲與電源直接連繫的狀態

電弧電壓

第1半波

第2半波

I_P

電弧電流

(b)

電容器的衰減振動

(c)

圖1.45 （續）

a. 以充電廻路觀察電容器被充電，電壓上昇之狀態則

$$E = E_0(1 - e^{-t/CR})$$

但
$\begin{cases} E = \text{充電開始後，在任意時間 } t \text{ 時電容器兩端之電} \\ \quad \text{壓（V）} \\ E_0 = \text{電源電壓（V），} t = \text{充電後之經過時間（sec）} \\ c = \text{電容器靜電容量（}\mu\text{F），} R = \text{充電電阻} \end{cases}$

若設放電電壓爲 E_d 則

$$E_d = E_0(1 - e^{-t_c/CR})$$

據此求 t_c 則

$$t_c = C \cdot R \cdot \log_n \frac{1}{1 - E_d/E_0} \qquad (1.8)$$

又設放電時間爲 t_d ，則放電之反覆周波數 f 爲

$$f = \frac{1}{t_c + \tau_p} \qquad (1.9)$$

① 電容器放電的電流本來如(c)所示雖作⊕⊖的衰減振動，但由於絕緣回復，經 $1 \sim 2$ 次的往復振動則停止。

② 據說絕緣回復是由於放電時氣體的膨脹所致。

b. 再就放電電流的狀態加以觀察

如圖 1.45 ，放電廻路如粗線所示，可視爲殆無電阻的廻路，故放電廻路成爲振動條件的廻路，如圖所示之放電電流則成爲正逆流通的狀態。若爲加工上的理由忌諱逆向電流時，有時也可加裝整流器（ diode ），或使極間旁通（ by pass ）。又電容器放電的絕緣回復有另一說法，據說是由於放電時氣泡的發生所致。

至於流入放電廻路的電流，在振動條件的廻路則爲

$$I \fallingdotseq (E_d - e_g)/\sqrt{L/C} \cdot \sin t/\sqrt{LC}$$

尖峰電流 I_p 爲

$$I_p \fallingdotseq (E_d - e_g)/\sqrt{L/C} \qquad (1.10)$$

第一半波的放電電流之脈波寬 τ_p 爲

$$\tau_p \fallingdotseq \pi\sqrt{LC} \qquad (1.11)$$

c. 今以 (1.8) 及 (1.11) 兩式試求 t_c 及 τ_p 。

爲使 t_c 的計算簡化設 $K = 1/\log_n \left(\frac{1}{1 - E_d/E_0}\right)$ 則

$$t_c = C \cdot R/K \qquad\qquad (1.8)$$

圖 1.46 示 K 值的圖表化者。K 值通常採用 $1 \sim 0.5$ 程度。今試求下記條件時之 t_c。

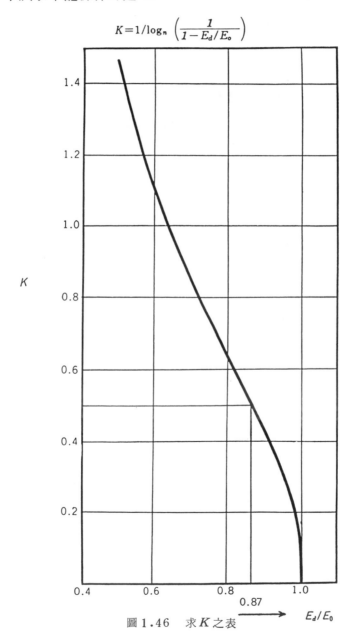

$$K = 1/\log_n \left(\frac{1}{1 - E_d/E_o} \right)$$

圖 1.46 求 K 之表

$$C = 1\,\mu\text{F} \qquad R = 20\,\Omega \quad K = 0.5 \quad t_c = 40\,\mu\text{s}$$
$$C = 0.1\,\mu\text{F} \qquad R = 100\,\Omega \quad K = 0.5 \quad t_c = 20\,\mu\text{s} \quad \text{(A)}$$
$$C = 0.01\,\mu\text{F} \qquad R = 500\,\Omega \quad K = 0.5 \quad t_c = 10\,\mu\text{s}$$

又爲求放電廻路的放電電流之脈波寬 τ_p，假定電感（inductance）爲 $L = 0.2\,\mu\text{H}$（而實際上亦爲如此）則

$$C = 1\,\mu\text{F} \qquad L = 0.2\,\mu\text{H時} \quad \tau_p = 1.4\,\mu\text{S}$$
$$C = 0.1\,\mu\text{F} \qquad L = 0.2\,\mu\text{H時} \quad \tau_p = 0.44\,\mu\text{S} \quad \text{(B)}$$
$$C = 0.01\,\mu\text{F} \qquad L = 0.2\,\mu\text{H時} \quad \tau_p = 0.14\,\mu\text{S}$$

由上記(A)(B)求放電反覆數 f 與衝擊係數 D 則

$$f = 1/(t_c + \tau_p)$$
$$D = \tau_p/(t_c + \tau_p)$$
$$C = 1\,\mu\text{F} \quad R = 20\,\Omega \quad L = 0.2\,\mu\text{H 之時}$$
$$\qquad f \fallingdotseq 24 \times 10^3\,\text{Hz} \quad D = 0.034$$
$$C = 0.1\,\mu\text{F} \quad R = 100\,\Omega \quad L = 0.2\,\mu\text{H 之時}$$
$$\qquad f \fallingdotseq 49 \times 10^3\,\text{Hz} \quad D = 0.021 \qquad \Big\} K = 0.5$$
$$C = 0.01\,\mu\text{F} \quad R = 300\,\Omega \quad L = 0.2\,\mu\text{H 之時}$$
$$\qquad f \fallingdotseq 99 \times 10^3\,\text{Hz} \quad D = 0.014$$

d. 再以（1.10）式求放電電流尖峰值 I_p。

此時，因已知在電容器放電時的 e_g 約爲 $17 \sim 24$（V）左右[3]，故設 $e_g = 20\text{V}$

$$E_0 = 150\text{V}, K = 0.5 \quad E_d/E_0 = 0.87, \text{故} E_d = 130\text{V}$$
$$C = 1\,\mu\text{F} \qquad\qquad\qquad\qquad\qquad I_p = 246\text{A}$$
$$C = 0.1\,\mu\text{F}, L = 0.2\,\mu\text{H}, e_g = 20\text{V} \qquad I_p = 78\text{A}$$
$$C = 0.01\,\mu\text{F} \qquad\qquad\qquad\qquad\qquad I_p = 29\text{A}$$

如上述，電容器放電雖然衝擊係數 D 低，但是因放電反覆數

f 高，且在放電電流的高尖峰值 I_p 之狀態下，可容易求得較短脈波寬 τ_p（在 $50\sim100\mathrm{A}$ 時為 $1\mu\mathrm{s}$ 以下），當可了解適合於允許電極消耗的狀態下之精細加工。

e. 電容器放電的特異性

所謂電容器放電，則為自電源流入小的平均電流 $\overline{I}$，使其作間歇性發生尖峰值 I_p 大的放電電流之放電廻路。係將一點一滴蓄進去的電荷，把它一口氣放出的形式。

$$C=1\mu\mathrm{F} \qquad R=20\Omega \qquad I_s=7.5\mathrm{A} \quad \overline{I}=3.3\mathrm{A}$$
$$C=0.1\mu\mathrm{F} \qquad R=100\Omega \quad I_s=1.5\mathrm{A} \quad \overline{I}=0.65\mathrm{A}$$
$$C=0.01\mu\mathrm{F} \quad R=500\Omega \quad I_s=0.3\mathrm{A} \quad \overline{I}=0.13\mathrm{A}$$

但 $\overline{I}$，I_s 為電流計讀數，可由次式予以算出。

$$\overline{I} \fallingdotseq CE_d/t_c$$

$$I_s = \frac{E_0}{R}$$

把上述的平均電流 $\overline{I}$ 與(d)項所求的 I_p 互作比較時當可獲得充分了解。

$$C=1\mu\mathrm{F} \qquad I_p=246\mathrm{A} \quad \overline{I}=3.3\mathrm{A}$$
$$C=0.1\mu\mathrm{F} \qquad I_p=78\mathrm{A} \quad \overline{I}=0.65\mathrm{A}$$
$$C=0.01\mu\mathrm{F} \quad I_p=29\mathrm{A} \quad \overline{I}=0.13\mathrm{A}$$

(ii) 電容器放電廻路的改良

由於流進電容器的充電電流，會流入尚未完成絕緣回復的極間，形成電弧放電，為抑制充電電流的升高速度為目的，也有將電感串聯插入於充電電阻者。據說藉此可獲得 2 倍的加工速度。附有電晶體控制方式者亦為改良的另一方法。

2. 電晶體放電廻路

(i) 放電的發生與電壓電流之特性

圖 1.47 係就電晶體電源的電氣廻路，電流電壓波形表示其典型的一例。

電晶體電源與電容器放電將蓄入之電荷一口氣加以放出的方式不同，係由直流電源藉電阻加以限制的電流，直接流入放電加工的極間之方式。

因之，祇要電晶體充分具備有開關元件的性能，則放電電流的尖峰值 I_p，可由來自直流電源的電阻值（ R_1 ， R_2 ，……R_n ）

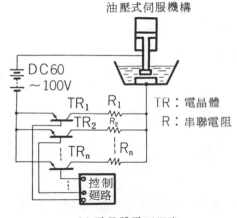

(a) 電晶體電源廻路

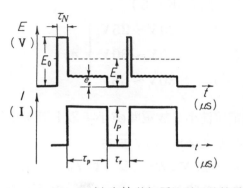

E_0：外加電壓
E_m：平均電壓
e_g：電弧電壓
τ_N：無負荷電壓
　　外加時間
I_P：放電電流
　　尖峰值
τ_P：放電電流
　　脈波寬
τ_r：休止時間

(b) 由於外加脈波電壓的放電電流

圖 1.47　電晶體放電廻路與由於外加脈波電壓的放電電流

決定，而脈波寬 τ_p，則僅取決於電晶體的 ON, OFF 之時間控制，可知較電容器放電容易控制。（圖 1.47(a)）

而圖 1.47(b) 則表示加電壓後至開始發生放電時的情形。當電晶體導通（ON），雖加電壓於極間，並不一定立刻發生放電，明確的說，則經過無規則性的無負載電壓外加時間（ τ_N ）了後發生放電，流通放電電流。

於放電電流流通某些時間了後，令電晶體為不導通（OFF）狀態，給與休止時間（ τ_r ），使極間的絕緣性獲得回復。

當再令電晶體為 ON 時，出現無負載電壓外加時間（ τ_N ），則表示極間的絕緣性已獲得回復。

這在後述，為控制最適值的電源休止時間時，考慮應如何去檢查加工中的極間狀態，非常重要。

(ii) 放電電壓與電流

放電電流值的計算可由圖 1.47 求之。

$$I_p = (E_0 - e_g)/R$$

$$= (E_0 - e_g)\left(\frac{1}{R_1} + \frac{1}{R_2} + \cdots\cdots + \frac{1}{R_n}\right)(1.12)$$

e_g 之值雖以電極材料的組合而有所不同。下面示其一例。

被加工材質：鋼（SK−5）

$$
\left.
\begin{array}{ll}
\text{銅電極陽極側（＋）} & 20\text{V}\sim25\text{V} \\
\text{石墨電極陽極側（＋）} & 20\text{V}\sim30\text{V} \\
\text{石墨電極陰極側（－）} & 30\text{V}\sim33\text{V}
\end{array}
\right\} e_g
$$

一般 e_g 之值，在放電電流小，放電間隙小時取上列較小數值，但在放電加工時，均控制在 $20\sim30$ V 左右。

今若設 $E_0=80$ V， $e_g=25$ V， $R=1\,\Omega$ ，則 $I_p=55$ A

實際上加工電源均設計為將 R_1 , R_2 , $\cdots\cdots R_n$ 的電阻適當予以分割，可任意選擇大小電流。

　　而且，如圖 29 所示，剛放電後的放電電流，並不會立即升高成為方形波（矩形波），是因為電晶體本身升高，降低的延緩與由於電源至極間引出線的電感 L 之延緩，致使電流的昇高成為如圖 1.48 所示，有時會成為圖 1.31 所示，脈波寬 τ_p 的狹窄範圍之加工速度降低的原因。

　　雖然有縮短此延緩的方法，但要使其接近如電容器放電電流時的電流上升甚為困難（參照 69 頁），因之，若要作脈波寬非常狹窄範圍的加工時，也許採用電容器放電方式較為高明。

(iii)　衝擊係數 D（duty factor）

　　電晶體電源的特長為取 D 之大，施行高效率加工之同時使電極低消耗加工在工業上成為確實的技術。

　　電晶體電源的 D 可由下式求之

設　　　　τ_p 為放電電流脈波寬（μs）

　　　　　τ_r 為休止時間（μs）

　　　　　τ_N 為無負載電壓外加時間（μs）

再記 (1.1) 式則

$$D = \tau_p/(\tau_p + \tau_r + \tau_N) \qquad (1.1)$$

　　τ_p 通常由 2 μs 至 5000 μs 左右轉換成梯級使用。長的用於粗加工或低電極消耗加工，而短的則用於精加工。

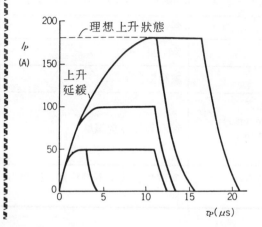

圖1.48　電晶體放電廻路的電流

τ_r 雖亦可轉換成爲梯級，但祇要加工不因放電的集中或短路的發生導致不安定，儘量愈短愈好，通常設定與 τ_p 相等或較短均能獲得安定的加工。因爲有開關元件故絕緣回復較爲容易。

因 τ_N 與 τ_r 皆具有決定平均電壓的意義，故若休止時間 τ_r 短，τ_N 亦短。（1.13式）

則若以一定的平均電壓施以加工時，休止時間幅 τ_r 變短，則意味着朝向平均電壓增加之傾向，加工上伺服機構的動作會促使縮短極間距離的一方，結果是無負載電壓外加時間 τ_N 變短。

$$\overline{V} = (E_0\tau_N + e_g \cdot \tau_p)/(\tau_N + \tau_p + \tau_r) \qquad (1.13)$$

表1.6　爲電容器放電與電晶體放電之比較

	電 容 器 放 電	電 晶 體 放 電
I_p/I	高（＞50）	低（＜2）
I_p	電源容量雖小也可獲得高 I_p	要獲得高 I_p 必需電源之大容量化
τ_p	1 μs 以下容易	1 μs 以下困難
$I_{p\,max}/\tau_{p\,min}$ （上升特性）	175～200 （A/μs）	15～20 （A/μs）
D	低（＜0.05）	高（＞0.5）
加工速度	中加工以上低	中加工以上高 （10 μR_{max} 以上）
低消耗加工	困　難	容　易
控　制　性	困　難	容　易
更換加工條件	有　限　制	廣　範　圍
用　　　途	(1) 微小面積之精加工 （小孔）（wire cut） (2) 超硬合金鋼之精加工， 中（細）加工	除左列以外全領域
特　　　長	經長時間一點一滴蓄電後一口氣放電	與電源連接，不受拘束，開閉自如

其結論是藉設定較短的 τ_r，τ_N 也隨之變短，於是可獲得 $50 \sim 90\%$ 左右的高衝擊係數 D。

表 1.6 係為電容器放電與電晶體放電之比較。

3.　附有電晶體控制的電容器放電迴路

這是將電晶體開關迴路插入圖 1.6 的充電迴路者，故基本上則與電容器放電迴路同。

然而，由於放電後設置休止時間等，雖縮短充電時間 t_c，也可促其放電集中於特定處所，不易引起電弧放電，較無開關元件的電容器迴路放電，其 D 值高出很多。

如 1 所述，可將充電電阻 R 為小，或加大 K 值，促使增加放電反覆次數，以便藉 I_p 大 τ_p 小的放電電流，可獲得電晶體式放電迴路不易達到的高速精加工。

第5章

線切割放電加工

會有那些問題

1. 線切割放電加工的特徵[17]

關於線切割放電加工的特質已在表 1.1 明確表示，今再重敘如下：

a. 雖然無需特定形狀的電極，但必須製作孔帶。

b. 其加工精度當然必須依靠 NC 的 XY 軸之合成精度，但因為是槽寬的加工，故槽寬的均一性亦重要。

c. 因為是小面積的加工，故易顯示出其面積效果。（ 42 頁）

d. 易發生由於加工時殘留應力之開放所產生的變形。

e. 表面變質層會成為軟化層。

另一方面，其加工時的優點有間隙的調節容易，因為是在水中加工皆無發火之虞，且多為 1 日 24 小時的運轉，所以 1 個月 400～600 Hr 的運轉也容易，自來被認為不可能甚至困難的加工也成為可能等，對模具加工掀起技術革新的旋風，這是眾所周知的事實。

在此特就線切割放電加工的基礎：

a. 孔帶自動製作的意義及其常識。

b. 槽寬的均一性與其加工精度。

c. 由於殘留應力的釋放所發生的變形與其對策。

加以敘述。

2. 怎樣進行孔帶的自動製作（APT）

不只限於線切割放電加工，凡是ＮＣ的孔帶製作，均需將圖面分割爲線與圓弧的段（block），針對其各個段（block）求其起點，終點，中心點等以及包括交點，接點等所有 x，y 的座標值。然而被加工物的形狀若稍微複雜，要以手工計算其座標值，實際上並非容易的事，尤其像線切割放電加工機，要正確製作既細且形狀又複雜的被加工物之ＮＣ孔帶是非常困難的作業。

這時ＡＰＴ（automatic programming tools）可解決其缺點，尤其即使毫無數學知識的人，也可簡單地在極短時間內製作ＮＣ孔帶。

圖1.49示應用ＡＰＴ的一例。此係將葫蘆形狀加工物以四個圓弧形成者。此時已知的是圓弧 C_1，C_2 的中心點座標值與其半徑，與圓 C_3，弧 C_3，C_4 的中心點座標值。

然而當製作ＮＣ孔帶時，除上記以外，尚須知接點 P_2，P_3，P_4，P_5 的中心座標值。

於是若應用ＡＰＴ裝置，祇要將上記已知的數值予以輸入，則可自動製作孔帶。這些座標值皆經電腦演算後自動穿孔成爲孔帶。

雖然已知圓弧 C_1，C_2 的座標與其半徑，但圓弧 C_3，C_4 只知其半徑。且亦需知 P_2，P_3，P_4，P_5 的座標值。祇要依靠ＡＰＴ則可簡單製作孔帶。

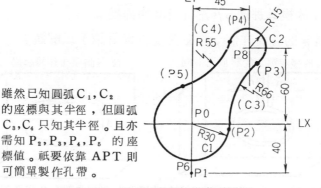

圖1.49　應用ＡＰＴ的葫蘆形圖面

　　而且，上述經電腦計算過的數值，可經由列印機（printer）印出，不但可供確認有無錯誤以外，也可供作其他工作機械進行交點的計算。

3. 槽寬的均一性與其加工精度

　　線切割放電加工，通常均使用 $\phi 0.2mm$ 左右的銅線，故其槽寬當較大於放電間隙的 2 倍，大約成為 $0.3mm$ 左右的數值。

　　為保持其均一性，必須注意進給速度，電流電壓，加工液的電阻係數等，務須將其控制至適合槽寬一定的條件。加工板厚均一的材料時，祗要將上述因素保持一定即可，但如有彎角或厚度不均一的加工物，則必須藉適應控制為槽寬一定的條件。

4. 由於殘留應力之釋放所產生的變形與其對策

　　材料多半都有殘留應力。因此，一旦經過加工，其殘留應力被釋放則產生變形。當然，彫模放電加工也不例外，但因經常藉電極的上下被再加工，故其變形被抵消。

　　線切割放電加工，若自素材端部開始加工則會產生很大的變形，故應在素材的內部先穿線孔（starting hole）開始加工。

　　然而，雖然這樣作有時還是會有變形。因為材料均在其輥軋方向具有殘留應力，故若能經過正確的熱處理將其去除，多半均可獲得解決。

　　這樣，若再有變形發生時，則預留稍微的精加工裕度，以最初加工時的 10 倍以上之進給速度再加工。藉此方法，也可加工如精密下料（fine blanking）的模具那樣 5μ 左右精度的沖模。

　　這些技術的各種詳情，將在後述的實用篇予以解說。

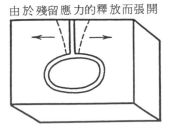
由於殘留應力的釋放而張開

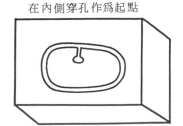
在內側穿孔作為起點

圖 1.50　避免殘留應力所引起的變形在素材內部穿孔作為加工起點

第2篇

實用篇

第1章

彫模放電加工機

的構造與操作

彫模放電加工機的機械構造

1. 主要部之構造

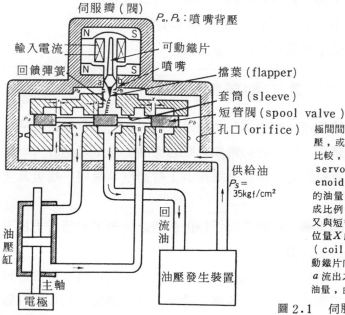

伺服瓣（閥）
P_a, P_b：噴嘴背壓
輸入電流
可動鐵片
回饋彈簧
噴嘴
擋葉（flapper）
套筒（sleeve）
短管閥（spool valve）
孔口（orifice）
供給油
$P_S = 35\,\mathrm{kgf/cm^2}$
回流油
油壓缸
主軸
電極
油壓發生裝置

極間間隙是將加工中的平均加工電壓，或平均加工電流與基準值互作比較，將其差額輸出至伺服閥（servo-valve）的電磁圈（sol-enoid）。如左圖，供給於油壓缸的油量與 A、B 油門口的開口面積成比例。而且，油門口的開口面積又與短管閥（spool valve）的變位量 X 成比例。當電流通於線圈（coil）時，如上圖所示，假定可動鐵片向 N 方向擺動。於是由噴嘴 a 流出之油量大於由噴嘴 b 流出之油量，由於背壓差被壓向左方。

圖 2.1　伺服機構——伺服閥的構造

81

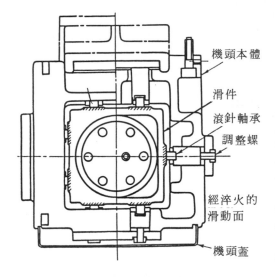

機頭本體

滑件

滾針軸承

調整螺

經淬火的
滑動面

機頭蓋

圖 2.2 主軸導引機構之例
在放電加工機的機械系中，主軸滑動面是最重要的部份。放電加工狀態是反覆作振幅 0.2 mm 以下，周波數 20 Hz 以下的微小往復運動逐次下降，故對滑動面來說是相當苛刻的條件。有時會導致摩擦係數的不穩定，引起黏着滑移（stick slip），及熔執等現象，因此，採用滾動導引方式，藉高硬度的鋼珠或滾針（needle）與經過淬火的導引面之組合，來維持圓滑的伺服進給

若將放電加工機的機械系統與其他工作機械，例如車床，銑床互作比較時，其本質上不同之處有如下所述。

因必須要在保持電極與被加工物之間的間隙爲微少之值（0.004～0.04mm）的同時以極緩慢的速度來進行加工，並爲解除短路及極間之清淨化，必需要有急速反轉上昇的相反動作狀態，所以應具備

(1) 無黏着滑移現象（stick slip）的主軸導引機構。

(2) 可變速度範圍廣，且强有力的伺服機構。

2. 機械精度

有關放電加工機的機械精度，現在已由日本電氣加工學會制定規格通過立案。放電加工機雖然不受一般切削加工時的切削壓力，但由於

(1) 在使用廣面積電極時之反覆拉上操作中，會過度承受幾乎接近眞空狀態的背壓力。

(2) 當把重量龐大的電極，由幾乎接近停止狀態之情形下進行拉上拉下時，會發生過大的反力。

因此，現在製作中的所有放電加工機，可自表 2.1 所示的精度測定值瞭解，均針對電氣加工學會所制定的規格，設定充分的餘裕，加以設計製作。

使用大面積的電極進行加工，當拉上電極時，會瞬時發生幾乎近於眞空的負壓。因此，必須考慮如何去防止浮上的裝置。圖爲以輥子（roller）作交叉配列，由 V 形軌道面所構成最爲普遍者。

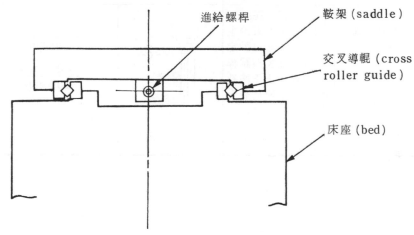

進給螺桿　　　　　　鞍架（saddle）

交叉導輥（cross roller guide）

床座（bed）

圖 2.3　床台（table）導引機構之一例（cross
roller guide 方式）

表 2.1　放電加工機精度之比較（放電加工機靜態精度檢查規格）

號碼	檢　查　事　項		測　定　方　法	測定方法圖示	測　　定　　值			
6	主軸（電極支持部）的剛性度主軸行程的中間位置	左右方向	於主軸先端交替加以相反方向之負載以量表讀數最大差的½爲其測定值容許量0.01 mm＝10 μ	負載以容許加在主軸之電極重量的10％爲準	$W=7.5$ kg	$W=15$ kg		
		前後方向			左右	2μ	4μ	
					前後	1μ	2μ	
9	主軸周圍的遊隙（徑向的鬆動）。應於主軸之最上部位置測定。以最大電極容許重量值爲扭矩（Torque）之數值	左廻轉	交替加相反方向之扭矩於主軸，藉量表接觸於由主軸中心垂直伸出100 mm 的臂讀取其復元值之最大差爲其測定值	T（扭矩）＝kg—cm	$T=75$ kg-cm	$T=150$ kg-cm		
		右廻轉			左廻轉	0.5μ	1μ	
					右廻轉	0.5μ	1μ	

表 2.1 （續）

號碼	檢查事項	測定方法		測定方法圖示	測 定 值
5	主軸的上下運動與主軸中心線的平行度	左右方向	將試桿（Test bar）裝置於主軸，並將已設定好的量表與試桿接觸，上下移動主軸，讀其最大差為其測定值	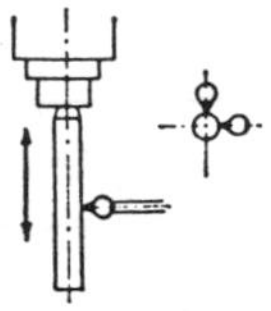	$\dfrac{0.01 \text{ mm}}{250 \text{ mm}}$ $= \dfrac{0.004 \text{ mm}}{100 \text{ mm}}$
		前後方向			

電源的構造與多數條件的選擇

1. 放電加工機電源的特質

　　放電加工，與一般工作機械將電能（energy）轉變爲機械力進行加工者不同，係藉電能的放電作用直接加工被加工物。所以控制電能的加工電源，則成爲決定加工性能良好與否的基礎。

　　若將加工電源的廻路方式予以分類，則可分爲從屬式與獨立式脈波電源兩種。從屬式雖因精密光製加工用的需要，尚有一部分採用電容器廻路，但現在由於波形控制的容易，均以利用電晶體開關特性的獨立式脈波電源爲主流。

　　而且放電加工的用途能日漸擴大，沿用至今，亦有賴於電晶體脈波廻路的急速進步，這對於放電加工的基礎性解析有相當大的貢獻。

　　另外，下述的技術性進步亦爲其主要原因。

(1)　由於電力用電子工學（power electronics）的急速發展，高周波，高輸出脈波的接轉，交換已成爲可能。

(2)　由於 IC，微電腦（micro computer）的相繼問世，類比（analog），數位（digital）廻路技術，以及微電腦應用技術的急速進步，促使適應控制等高度的控制技術已成爲可能。

(3)　在實際裝配技術亦由於 IC，LSI 的出現與印刷電路技術的進步，提高其精密度與信賴性。

　　由於以上的技術進步，自貫穿孔的加工乃至盲底孔的加工等適合範圍廣，且促使自動化，省力化爲可能的高性能電源終於出現。

2. 電源的構造

　　電晶體脈波電源的構造，在功能上可分爲下列各段（block）。其概略

功能如下述。關於電晶體脈波廻路的基本曾在 62 頁提及。

● 電晶體脈波廻路基本結構

　　直流電源係藉變壓器將輸入的交流電予以降壓整流後變換成爲DC60 ～100V左右的直流電源。

　　開關廻路係直流電源藉電晶體開關發生脈波的部分。因爲需作微秒（ 10^{-6} 秒）單位的ON，OF 控制，應採用高周波高輸出電晶體。

　　電流限制電阻器係設定流通於極間的電流尖峰值（ I_p ）之電阻器，電流值概以 $I_p = (E_0 - e_g)/R$ 表示。式中 E_0 爲直流電源的電壓，而 e_g 爲放電電弧電壓，一般爲 20～30V。

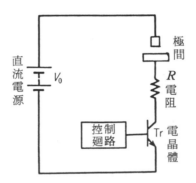

● 高電壓重疊廻路

　　高電壓重疊廻路　與主廻路脈波同步，使 100～200V 的高電壓脈波重疊，以便提高放電開始電壓之廻路。

　　右圖爲其一例。

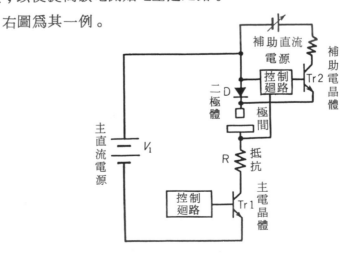

控制廻路　係由①對開關廻路發出脈波寬度，休止時間指令之發振廻路，②檢查極間狀態據以控制加工間隙長度之伺服廻路以及③使休止時間延長，以便防止定常電弧的廻路等所構成。

● 多分割加工廻路

多分割加工廻路　係僅以 1 部電源進行分割加工的廻路。

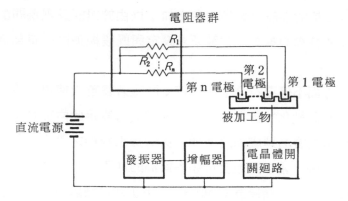

● 為提高多分割加工廻路分割效率之伺服廻路

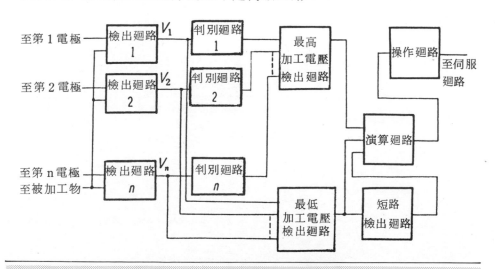

3.　多數條件的設定

放電加工的加工速度，電極消耗比，加工面粗糙度，間隙的加工特性均由放電電流的尖峰值（I_p），脈波寬度（τ_p），以及休止時間（τ_r）來決定。已如前述。

另一方面，若針對加工的效率化加以考慮時，自粗加工至精加工之間必需要有加工條件的區分，一般均可將 I_p , τ_p , τ_r 各分成 10 數階段任意選擇。然而 I_p , τ_p , τ_r 的設定範圍自 100 ～ 1000 倍之廣，以其加工目的之不同，如此籠統的設定區分，實在無法充分滿足最適加工條件的選定，於是必須再將其作更微細之選擇。

且放電加工機的裝設台數若逐漸增加，則由於與既設電源間的加工技術共通化之生產技術的提高，會被要求設定與既設機械同一電氣條件之可能。

然而，一方面不但要符合上述期望，同時若為首次使用放電加工機時，有時也期望有單純化的設定。最近的電源均可滿足此兩種希望。

另一方面，為容易達成如此多種多樣的加工條件之設定，最近的控制裝置均採用微電腦，藉以記憶使用頻率較高的加工條件，或結果良好的加工條件，以便必要時可藉觸控（ one‐touch ）方式施以再加工的 play back 功能，或加工條件與加工特性可互作自動檢索的功能，也均已經開發成功。

單元3

控制極間的方式

1. 波形控制方式

波形的控制方式以電源的發振方式之不同可分類如下：

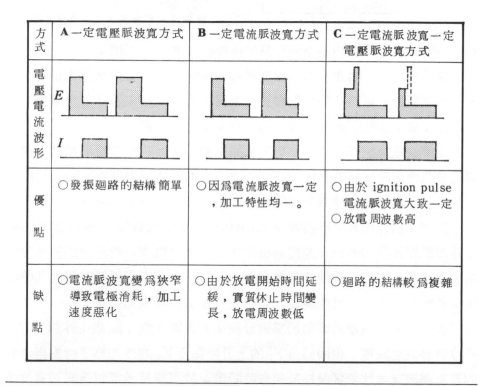

方式	A—定電壓脈波寬方式	B—定電流脈波寬方式	C—定電流脈波—定電壓脈波寬方式
電壓電流波形	E I		
優點	○發振廻路的結構簡單	○因爲電流脈波寬一定，加工特性均一。	○由於 ignition pulse 電流脈波寬大致一定 ○放電周波數高
缺點	○電流脈波寬變爲狹窄導致電極消耗，加工速度惡化	○由於放電開始時間延緩，實質休止時間變長，放電周波數低	○廻路的結構較爲複雜

2. 伺服控制方式

本來，放電間隙長並非僅受放電開始電壓就能決定，而受外加電壓的延緩時間之影響。延緩時間較短時，爲狹窄間隙長，而延緩時間較長時則爲較寬的間隙長。（參照 74 頁）

自來放電加工的放電間隙長之控制方法（伺服控制），一般均採取檢

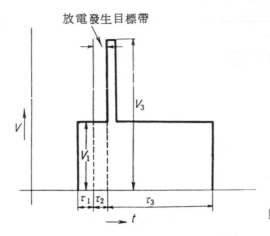

放電發生目標帶

圖 2.4 採用新方式的電壓波形

查其極間的平均電壓加以控制，使其能接近基準目標電壓。

採此方式時，因在基準目標電壓爲一定的條件下，若變更休止時間，則至放電開始的延緩時間必然會被控制得更長，其結果間隙亦會變爲較寬。因此，曾有包括間隙在內導致加工精度惡化的缺點。

爲解決這些缺點，在上述Ｃ方式的電源，採用將至放電開始的延緩時間區分爲幾個帶域檢查其極間狀態之方式，與前述高電壓重疊或 ignition pulse 等之電壓波形控制互爲組合，成爲如圖2．4所示的新方法。

此時，把外加電壓脈波時至 ignition pulse 區分爲 $\tau_1 \sim \tau_3$ 的時間帶，外加電壓於3個階段，並控制極間使其能在中央 V_2 被外加的狹窄時間帶發生放電。則由於控制的基準目標值限制一定電壓與延緩時間的短時間帶，故雖然休止時間發生變化，間隙長也會被控制成爲一定。

又若間隙長脫離目標值變爲過分狹窄（太寬）時，雖然在外加 V_1（V_3）時會發生放電，但因爲自 V_1 的上升時點至 V_2 的外加終了時點與全體的電壓脈波寬度比較能保持於狹窄時間帶，故可維持放電電流脈波寬度爲大致一定。

3. 加工間隙長的控制系統

爲使放電加工能安定進行，必須藉自動控制經常保持適當的加工間隙長。至於加工間隙長的檢查方法，如前述，採用將極間的平均電壓，或放電開始延緩時間與基準值互作比較，使其差經常能夠保持０的方法，來控

制間隙長。

　　通常，放電加工機的極間控制，初期均採用電動機，繼之普遍改用油壓方式，這是因為油壓方式的應答性能高，速度的可變範圍廣，易得強力的控制。

　　最近由於電動機的改善，電動機控制再度被重視。

　　小型機種，或電極較輕的小面積加工時，電動機控制有時亦可充分發揮其效能。

油壓伺服系控制上之特性

　　在此就油壓方式的伺服機構之控制系統加以說明。

　　圖2.5表示在實際的安定加工中求其加工間隙長的變化之測定值。

　　此時，考慮至第2高調波可看出有5～10Hz程度的變化。若依此，也許會認為放電加工的應答速度祇要為5～10Hz以上即可，但在實際加工上，因為發生短路時的反轉動作之應答尤為重要，故應答性愈高愈好。

　　然而，要按照檢出信號促使質量大的機械系運作時，會由於伺服閥的周波數應答特性，壓力增益特性，以及作用油的壓縮性等發生延緩。

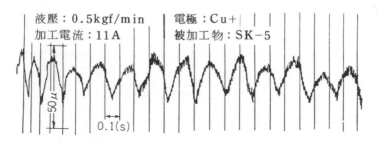

圖2.5　放電加工中的極間間隙之變化

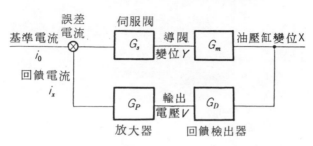

圖2.6　放電加工機的伺服機構方塊線圖

若要將此延緩的程度作定量性的解析，需要有專門性的知識，在此只好割愛，但提供圖2.6油壓伺服機構的方塊線圖以及圖2.7波德線圖之例作爲參考。在此例中，於 ω_c(60Hz)附近出現由於伺服閥的一次延緩，而在 ω_n（300Hz）附近則出現油壓缸的共振點。

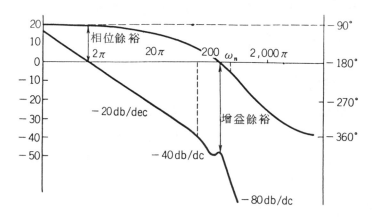

圖2.7　放電加工機伺服機構的波德線圖

加工液的選擇

放電加工時使用加工液的目的有

(1) 促使放電加工時所產生的熔融金屬飛散

(2) 將飛散的加工粉排除於極間外

(3) 放電加工時的加熱部分之冷却

(4) 促使極間的絕緣恢復

等扮演着重要的角色，是液中放電加工所不可缺者。

　現今所使用的加工液，係專為放電加工而開發，以石蠟系碳化氫為主成分的鑛物油為主體，由石油商經售。

　當選擇加工液時，應能滿足如圖2.8所示6項目之要素為理想。

　圖2.9為表示加工液廻路一例之系統圖。油槽內部分為沉澱槽（污液槽）與貯藏經過過濾器過濾的加工液之貯藏槽（清淨槽）2部分。

　放電加工所產生的加工粉，在粗加工時雖然只靠沉澱槽也可去除，但精加工時的加工粉會在加工液中懸濁，必須要有如圖2.9所示適當的過濾裝置。

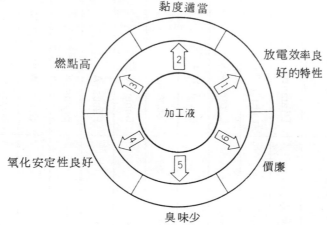

圖2.8　選擇加工液時應注意

表2.2 放電加工液一覽表

廠商名稱	廠牌名稱	比重 (15/4°C)	燃點 (°C)	黏度 (cSt at 37.8°C)	流動點 (°C)	分餾溫度 (°C) 初	分餾溫度 (°C) 終
三菱石油	Diamond EDF	0.828	104	2.22	−32.5	238	263
Esso	Lector 35	0.799	82	2.4	<−45	198	253
Esso	Lector 40	0.826	132	4.6	−2.5	256	326
Esso	Bayol 35	0.782	—	3.0	<−70	204	253
Esso	Isoparm	0.748	74	2.3	<−76	209	248
Mobil	Generex 56	0.768	114	2.3	—	248	267
Shell	Fusus-A	0.825	116	3.2	−20	240	320
Shell	P5585	0.805	105	3.7	—	—	—
Shell	Sol K White Sprits	0.777	71	1.91	<−40	193	256
Aral	P3285	0.790	66	2.0	<−40	—	—
BP Benzim	Dielectric 180	0.790	70	1.7	−36	175	260
Cel-Head Avia	Erosionöl M	0.783	82	2.2	−60	213	—

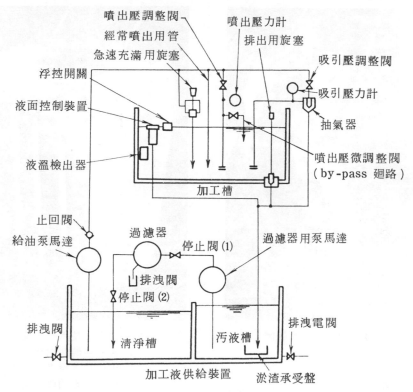

噴出壓調整閥
噴出壓力計
經常噴出用管
排出用旋塞
急速充滿用旋塞
吸引壓調整閥
浮控開關
吸引壓力計
液面控制裝置
抽氣器
噴出壓微調整閥
（by-pass 廻路）
液溫檢出器
加工槽
止回閥
過濾器
停止閥(1)
過濾器用泵馬達
給油泵馬達
排洩閥
停止閥(2)
排洩閥
清淨槽
污液槽
排洩電閥
加工液供給裝置
淤渣承受盤

圖 2.9 加工液廻路之例（DIAX）。由加工槽回流至油槽的加工液，首先導入沉澱槽，使較大加工粉能夠沉澱。沉澱後的加工粉，集積於油槽底部之淤渣承受盤，可連同承受盤一起取出。將沉澱槽上的澄清液以泵送至過濾器，經過濾貯藏於貯藏槽後，將其送至加工槽。在加工槽中有適應各種不同加工目的變換加工液所需用之各種閥類。（圖 2.10）

因而，在加工中可經常供給清淨的加工液於極間。

一般所使用的過濾器爲如圖 2.11 所示，將濾芯製成衣褶狀增加表面積的布或紙。

其過濾精度一般可過濾數 μm 的加工粉。過濾器的堵塞狀況，應視壓力計達到規定壓力時予以更換，但其更換頻度雖依加工條件有所不同，若能頻繁更換當然會有更良好的結果。

圖 2.10　加工液更換閥例

圖 2.11　濾芯。使用布時應於表面設一層酸性白土或活性白土經由此層進行過濾。若使用紙則用後丟棄

放電加工機的規格大小

放電加工機的機械系之規格大小，一般均以下列諸元來表示。

(1) 可懸吊電極之最大重量（kg）

(2) 可裝載工作物之最大尺寸（mm）

(3) 主軸的最大加工行程（mm）

(4) 工作台的最大移動行程（mm）

(5) 電極裝配盤至工作台面的最大距離（mm）

(6) 工作台面的尺寸（mm）

放電加工機的各製造廠商雖根據上記諸元表示機械的型式，名稱者多，但並無統一規定可遵循，所以沒有一定的標準。

至於電源的大小，一般均以下列諸元來表示。

(1) 最大平均加工電流（A）

(2) 最大加工速度（g/min）

(3) 電源輸入（kVA）

(4) 分割數

放電加工機的各製造廠商，通常均以上記諸元值中的最大平均加工電流來表示其電源的型式名稱。

$$\left\{ \begin{array}{lll} \text{DIAX} & \text{EP120} & 最大平均加工電流 \quad 120（A） \\ \text{makino} & \text{GPC30} & 最大平均加工電流 \quad 30（A） \\ \text{HITACHI AGIE} & \text{85L} & 最大平均加工電流 \quad 85（A） \end{array} \right.$$

單元 6 安全裝置與操作

　　放電加工機的安全運轉，與一般工作機械同樣，不但要求其在操作功能上的安全性，更因爲放電加工機所使用的是具有可燃性的鑛物油，尤應具備對火災的安全性。

　　今就放電加工機的安全性由防火的觀點加以說明。

1 引起火災的三因素

　　談到防火，應先就火災的本質加以瞭解，然後充分考慮其對策方可減少火災之發生。換句話說，防火時，如能先避免衆人所知火災３因素（火燭，氧氣，燃燒物）的共存，則可防止火災發生。因之，下述放電加工機的安全裝置概以防止此等３因素之共存爲要務。

2 加工異常的檢出裝置

　　在放電加工中，由於極間加工液的循環不良，導致加工液分解所生成的碳精附着物積蓄於極間，有時放電現象會集中於其上端。

　　此附着物一旦發生即會繼續成長，由於伺服機構致使電極逸向上方，終至電極浮出液面上。如圖 1.17 所示，其結果在液面上發生放電火花，故若加工液的氣化成分存在於液面上時，將會導致着火燃燒之可能。

　　加工異常檢出裝置，則檢出此碳精附着物之成長，使其停止加工，係可避免被加工物遭受嚴重損傷與防止火災之裝置。

　　此裝置的原理如圖 2.12 所示。

　　藉連結於主軸的伸臂，邊推動半固定於與主軸引導面平行之另一滑動面上的 DOCK，繼續進行通常的加工狀態。

　　當遭遇加工異常（碳精發生）時，主軸雖開始向上移動，但加工電源的電壓電流仍指示正常狀態。

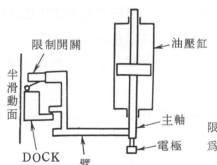

限制開關
油壓缸
半滑動面
主軸
DOCK　臂
電極

限制開關應設定使其向上移動量 15～20 ㎜ 時
為 OFF

圖 2.12　加工異常檢出裝置之構成

當向上移動量達到某程度（約 15～20mm），則伸臂上的限制開關成為 OFF 狀態，加工即停止。因之，加工面上碳精的成長，可抑制於 15～20mm 以下，若最初加工面能在液面下 20～50mm 開始加工，則放電點即使在最差的情況下也能在液面下進行。（則放電火花不至於在液面上進行）

③　液面控制裝置

放電加工是將加工液貯放於加工槽內進行。所以即使在加工液內發生放電火花，因無氧氣的供給絕不會發生火災。

另一方面，若能依照被加工物的大小來調整各種不同液面高度，對於

依被加工物的大小，可調整
液面的高度

圖 2.13　液面控制裝置及液溫監視裝置

操作上非常方便。此調整機構則爲液面控制裝置。液面若在加工中因任何某些理由降低，而放電點出現於液面上時，加工液則會燃燒。

　　爲防止此燃燒，液面控制裝置內隱藏有浮控開關，加工中如遇液面下降時，加工會立即停止。

　　圖 2.13 爲裝配在放電加工機的液面控制裝置。

4 液溫監視裝置

　　放電加工因在加工液內由於放電電弧柱的高溫，必然會發生熱。此發生熱會導致加工液的溫度上昇，引起加工液着火燃燒。

　　因此，爲監視溫度不致於上昇，加工槽內裝配有液溫檢出器，若液溫高出設定值時則會自動停止加工。

　　且如須裝設加工容量較大的電源時，應設置加工液冷却裝置，避免加工中的液溫上昇。

5 不燃性軟管與油槽水漲試驗

　　通常使用於放電加工機的加工液，是屬於日本國家消防法所規定的危險物第四類第 3 石油，其使用有各種規定。尤其是加工液槽在製造階段均

圖 2.14　金屬可撓軟管

應按照消防法的規定，對所有油槽實施水漲試驗。

且輸送加工液所使用的軟管類，更應使用如圖 2.14 所示的不燃性金屬可撓軟管（flexible hose）。

⑥　自動滅火裝置

關於放電加工機防止火災的安全裝置，已如上述，雖有種種顧慮，但為萬一發生火災時之需要，裝配有放電加工機專用的自動滅火裝置。

此裝置為如圖 2.15 所示，將熱感知器裝設於放電加工機，當發生火災時熱感知器會自動發生作用，不但可中止放電加工，同時可由裝置在放電加工機的主軸部或加工槽的噴嘴噴出滅火劑，藉窒息效果或化學反應來滅火。

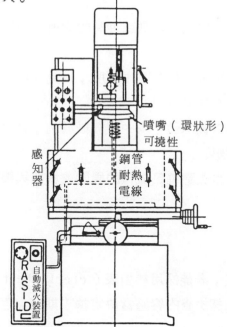

圖2.15　放電加工機自動滅火裝置

⑦　有關消防法規事項

因為放電加工的加工油為易燃物，必須接受消防法規的各種限制，故使用時應在裝機之前與放電加工機的製造廠商洽談。

放電加工機的維護

　　為使放電加工機能作非常高精度的加工與經常保持一定的極間距離，伺服機構應有速應性與圓滑性。雖然在機械的製作時就應嚴密的注意，但為永久保持其良好狀態，使用上亦應充分注意及確實的維護。

1 放電加工機的安裝處所

　　為了要充分維護放電加工機，首先必須要有適當的安裝處所。下列均被公認為不適於安裝機械的場所。

(1) 應避免設有冲床，鍛壓機等周邊會發生振動或冲擊的場所，不得已時須採用防震橡膠等防振對策。

(2) 應盡量避免靠近熱處理工作，電鍍工作等工作場所，以免受腐蝕。

(3) 粉塵多，切削粉會飛散的地方亦應該避免。

(4) 必須要有充分的耐壓強度支承機械本體。以中型機械為例，必須要有 $2 \sim 3 \, \text{ton/m}^2$ 以上的耐壓強度。

(5) 為使安裝後的機械維護容易，事先應確保機械的周圍或機器與機器之間的間隙為 40 cm 以上。

2 定期檢查

　　機械的維護最重要者為定期檢查，若能採用核對表（ check sheet ）則不但方便也可避免遺忘。當然應依據檢查內容適當決定檢查期間。主要的檢查項目如下：

(1) **潤滑油**　每日使用機械之前應加潤滑油。通常放電加工機均採用集中給油方式，故每日開始運轉之前應扳動潤滑泵的給油桿，使潤滑油流至各滑動部分。（參照圖 2.16）又有些放電加工機會在給油處所貼有標記（wappen），故應依其數字的優先順序給油。

圖 2.16　集中潤滑泵

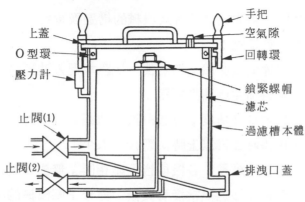

圖 2.17　加工液過濾器的構造

(2)　**加工液**　加工液會在每次加工後逐漸減少（消耗），故應時常檢查
加工液槽的液面加以補充。至於加工液的濾芯（參照圖 2.17）無
論使用紙或布質，均應在裝設於濾槽的壓力計指示規定數值時，予
以更換或清掃。

(3)　**油壓作用油**　應檢查油壓發生裝置的油量是否充足。並藉壓力計檢
查油壓壓力是否達到所規定之值，有無變化。過濾器填塞時，應依
照差壓壓力計之表示達到規定之值時更換濾芯。

(4)　**安全裝置的檢查**　如前述，為確保對火災的安全性，放電加工機設
有種種安全裝置。然而絕不能過分相信安全裝置，應時常檢查其是
否能正常運作。

③ 電源的維護

放電加工機的電氣廻路較一般的工作機械複雜得多，而且加工特性非常重要。因此，通常放電加工機的所有廻路均以單元化組成方式裝配，以便於最短時間內能夠進行維護工作。

而且，各個單元儘可能均採用印刷電路板方式，無需在多數零件中刻意去檢出不良零件，祇要更換印刷電路板或某一單元則可進行維護工作。

④ 遷移時應注意之點

當遷裝機械時必須先充分了解其機械的構造及特質。移動放電加工機時，應特別注意下列幾點：

(1) 為確保圓滑的伺服進給，切勿使一切塵埃混入油壓作用油內，移動機械時尤應特別注意油壓機器。

(2) 為確保機械本身之精度，吊起機械應依指定方法實行。

(3) 若遷移工作需時 2 日以上時，應校準水平。

關於放電加工機的維護，各機種皆不盡相同，無法一概而論，所以應詳讀機械使用說明書，並應經常接觸機械，充分了解機械的構造與其特性。

第2章

彫模放電加工機的新技術

提高加工速度進行安全的適應控制加工

　　為提高放電加工的加工速度，若將休止時間縮短，逐漸增加加工電流時，雖然1脈波放電終了後加工間隙的絕緣狀態未能回復，放電集中於此部分，不久將會移轉為定常電弧及至損傷電極以及工作物。於是應針對極間狀態，在尚未移轉至定常電弧的範圍之內，以流通最大加工電流進行加工，乃為最能提高加工效率的加工方法。

　　而將其付諸自動化者，則謂之放電加工的適應控制。

　　控制加工電流的方法已如第1章所述，將脈波寬度，休止時間，放電電流尖峰值之中，使其中任何一項發生變化即可。但除休止時間以外，均與加工特性有密切的關係，故要去控制這些並非上策，一般皆採取控制休止時間之方法。

　　茲將控制休止時間的適應控制之一例示於圖2.18。圖2.19則為以電晶體電源進行加工中的電壓波形，其中繼續進行正常加工的上側圖中，首先出現開放電壓，然後雖然轉變為放電電壓，但極間狀態若趨惡化，則如下側圖所示，開放電壓消失，自始則成為電弧電壓。

　　當開始出現如此正常電弧的前驅現象時，其最終必然會移轉為集中放

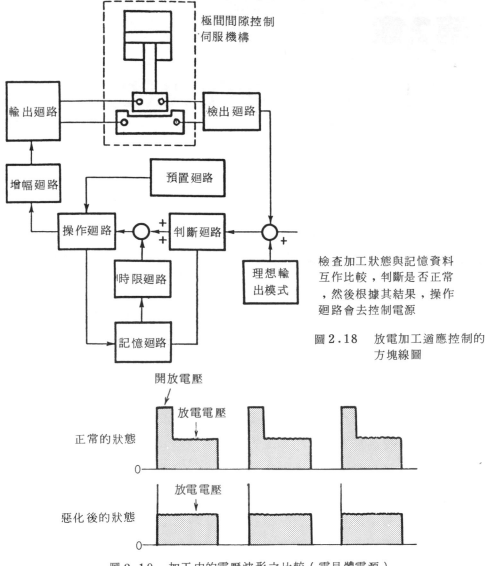

極間間隙控制
伺服機構

輸出廻路

檢出廻路

增幅廻路

預置廻路

操作廻路

判斷廻路

時限廻路

理想輸出模式

記憶廻路

檢查加工狀態與記憶資料
互作比較，判斷是否正常
，然後根據其結果，操作
廻路會去控制電源

圖2.18 放電加工適應控制的
方塊線圖

開放電壓

放電電壓

正常的狀態

0

放電電壓

惡化後的狀態

0

圖2.19 加工中的電壓波形之比較（電晶體電源）
當極間惡化後，開放電壓經行消失，自始
即成爲電弧電壓

電，故可藉延長脈波的休止時間降低加工電流，使極間狀態能獲得回復。
又當極間狀態囘復開始出現開放電壓後，則可減少脈波的休止時間，提高
加工效率。如此，適應控制可依極間之狀態供給最適當的加工電流。

圖2.20表示使用適應控制裝置（diax optimyzer）進行加工時之加

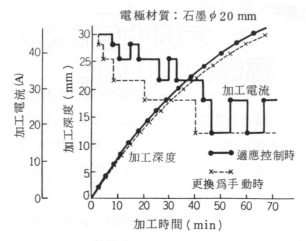

圖 2.20　進行適應控制時的加工深度，加工電流之變化

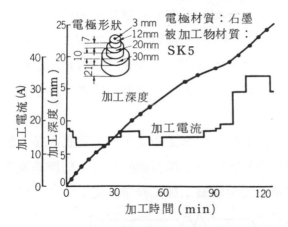

圖 2.21　階級孔加工的適應
控制一例

工電流與加工深度的關係。即使再熟練的操作人員也必須於安全側選定加工條件進行加工，故成為虛線所表示的狀態，加工效率會比適應控制時降低。

圖 2.21 示加工面積分為 3 個階段擴大的附有階級的孔加工之一例。

可防止極間短路的高電壓重疊加工

極間頻繁的短路是放電加工降低加工效率的主要原因。又短路的發生原因有放電痕的隆起，或加工粉的排除不良等。因此，若能保持較寬的放電間隙，可避免由放電痕隆起的短路，且由於加工粉的排除也較容易，同時也可以消除由加工粉所引起的短路。

為此，雖在較寬的間隙亦必須使極間的絕緣產生破壞，其方法之一例為一般所採用將數 100 V 的高電壓重疊之方法。

即如圖 2.22 所示，放電電流由主直流電源（電壓V_1：80V）經由開關電晶體（switching transistor）TR_1 流至極間，另一方面放電開始電壓之控制即由補助電源與開關電晶體 TR_2 施行。當 TR_2 為 ON 時，雖然會外加高壓於極間，但電阻 R_2 一般皆非常之大，即使發生放電，幾乎不成為放電電流而流通。

因之，外加於極間的放電開始電壓，對加工的安定程度到底有多大影響？將其示於圖 2.23。在(a)的 80 V 電壓中，鋼對鋼的加工，伺服系統成為追逐（hunting）狀態，短路的發生頻繁，加工非常不安定。

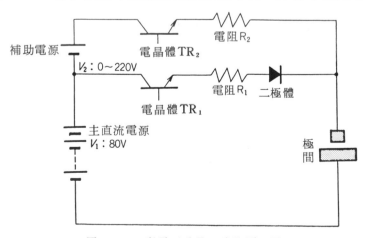

圖 2.22　高電壓重疊廻路的原理圖

加工條件

電極材料：SK－5 ⊕

被加工物：SK－5 ⊖

脈波寬度：**8 μsec**

平均電流：**2 A**

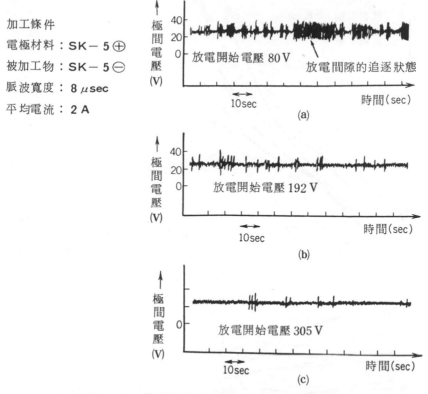

放電開始電壓 80 V

放電間隙的追逐狀態

10sec

時間(sec)

(a)

放電開始電壓 192 V

10sec

時間(sec)

(b)

放電開始電壓 305 V

10sec

時間(sec)

(c)

圖 2.23　放電開始電壓對加工安定程度的影響

　　然而，將放電開始電壓提高的(b)，(c)來說，隨着電壓的提高追逐狀態
減少，電壓達到 300 V 程度的(c)，加工非常安定。

　　由以上種種事實，可知提高放電開始電壓對加工的安定程度貢獻很大。

　　茲將放電開始電壓與放電間隙，加工速度以及電極消耗比之間的關係
各示於圖 2.24，圖 2.25，圖 2.26。

　　由此可知，放電間隙於放電開始電壓每增加 100 V，約有 4～5 μm
的增加。且看加工速度與電極消耗比，若應用於如鋼對鋼本來就不安定的
加工狀態時，雖有顯著效果，但加工電流一增大，不但失去其效果，反而
會有惡化的趨勢。

　　尤其石墨電極，要提高放電開始電壓並非上策。因之，必須充分考慮
電極材料的種類，加工電流的大小等，決定採用高電壓重疊加工方式。

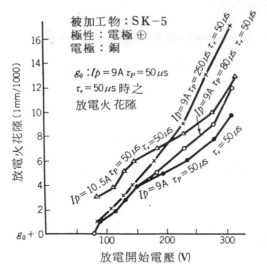

圖2.24 反覆放電時，極間間隙與放電開始電壓之關係

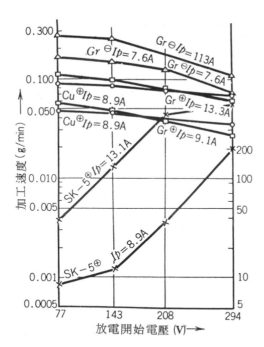

圖2.25 加工速度與放電開始電壓之關係

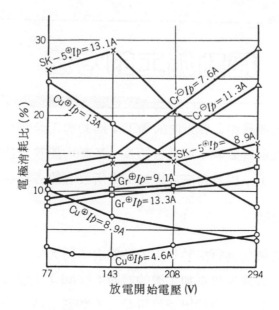

加工條件
　脈波寬度：$20\,\mu\text{s}$ 電極材 ⎧ Cu：銅
　休止幅：$20\,\mu\text{s}$　　　　　⎨ Cr：石墨
　被加工物：SK-5　　　　　⎩ SK-5：碳工具鋼
　I_p：放電電流 A

圖 2.26　改變放電開始電壓時的電極消耗比

搖動加工的方法

通常放電加工機只作 Z 軸方向的加工，搖動加工是將電極與被加工物的相對位置不只限定於 Z 軸，而是包括 X・Y 軸均能做好控制，使其能進行多方向的靠邊加工，以及自來放電加工機所沒有的各種各樣之加工動作。

1 搖動加工裝置

爲使放電加工機能進行搖動加工的裝置有：將 X，Y 縱橫方向移動床台（cross table）裝置於放電加工機的機頭（head），使 X 軸及 Y 軸各以不同的馬達，藉 NC 裝置的輸出予以驅動者（如圖 2.27 所示），或僅藉一個馬達以純機械方式賦予電極作公轉圓運動者兩種。一般以前者可做多種類的搖動運動。

圖 2.27　附有搖動加工裝置的
放電加工機將 X，Y
軸藉不同的馬達作
NC 驅動

112

2 **搖動運動的形狀**

　　搖動運動的形狀，有的構造上祇能作圓運動，但若要使用於銳角的電極或複雜形狀的電極時，有必要進行各種形狀的運動。

　　搖動運動的形狀之種類如下圖所示，A放射狀，B多角形狀，C任意

搖　動　運　動	
A　放射狀運動  	邊向自中心向外延伸，位於半徑 R 的諸點作放射狀移動進行加工。
B　多角形運動  	邊連接自中心向外延伸，位於半徑 R 的諸點而移動進行加工。
C　任意軌跡運動 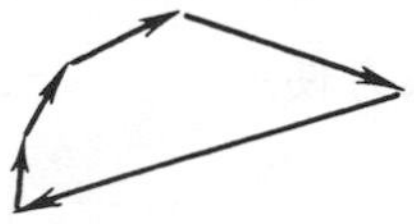 	將移動軌跡的座標點（X，Y）預先作好程式將此諸點邊連接邊移動進行加工。
D　圓弧運動 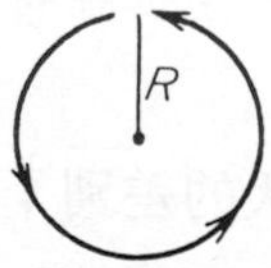 	邊向自中心爲半徑 R 的圓弧狀移動進行加工。
自動擴大加工  	就A、B及D的運動，依次邊增加所規定的 R，邊移動進行加工。

圖 2.28
袋形狀的加工使用自動
擴大機能的搖動加工效
果較好

軌跡，D圓弧等4種類較具代表性。放射狀運動為自中心向設定之點作放射狀的運動，然後再回中心，依次對各點反覆進行，而多角形狀運動，則依次連接設定之點作運動，圓弧運動則在半徑R的圓周上作運動。

　　如圖2.28所示的袋狀加工，若其側面方向的加工裕量較大之加工時，如能採用將上述的搖動運動形狀邊徐徐擴大邊進行加工的自動擴大機能效果會較好。

　　又若將搖動運動形狀作為加工深度Z的函數徐徐縮小，則可祇製作直型電極，就能加工錐孔。此錐度加工機能有藉凸輪依模倣方式控制者，與將上面及下面的搖動形狀予以程式化後再藉以自動地求取途中的搖動形狀者二種，若以設定的容易度而言，則以後者較為方便。

③ 搖動加工的特長

　　將搖動加工裝置裝配於自來的放電加工機則可產生種種特徵。

1. 僅以1支電極則可完成全工程的加工

　　通常放電加工的粗加工與精細加工的間隙有很大的差別，所以一般均以其間隙的差值予以縮小的電極先進行粗加工，然後再以精加工用電極加工，完成全工程。

　　若以搖動加工，即可在粗加工後不必更換電極，以其間隙的差值使其搖動運動進行加工，則僅使用粗加工用電極就可同時進行精加工。

2. 可縮短深孔加工的時間

　　在通常的放電加工機，無法開啟加工液孔時的深肋加工，由於隨着加

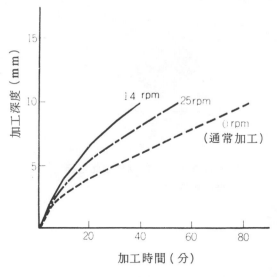

電極 3 × 10 角型
無加工液
I_p 8 A
τ_p 100 μ sec
搖動形狀圓弧運動（前頁的 D 型式）
搖動尺寸 0.05

圖 2.29　應用搖動加工時的加工速度；
搖動加工的優點多

工深度的增加，加工粉的排出困難，發生電弧痕的可能性愈高，故必須極端減少平均加工電流進行加工。

　　然而，祇要賦予電極搖動運動進行加工，則可擴大加工中的側面間隙及與極間的加工液有更積極性的流動，促使加工粉的排出能力得以提高，即使加工深度增加也無需減少平均加工電流，也不致影響加工速度的降低。此時，搖動運動的速度若無提高至某程度，效果似乎不彰。（圖 2.29）

3. 實際上減低電極的消耗

　　自來的放電加工機，祇向 Z 軸方向進行加工，每於粗加工後進行精加工時，與精加工的側面加工裕度同寬，精加工電極的下端部分會發生消耗，導致加工底面會發生階級。

　　然而，應用搖動加工時，可將電極插入經粗加工後之孔中，徐徐向 X Y 軸方向擴大其搖動形狀，藉以進行電極側面方向的加工為主，使電極的消耗分散至廣大的面積，實際上減少電極的消耗，也可消除加工底面的梯級發生。

　　若依搖動加工，除了上述三點特長以外，藉二次放電以減少錐度（taper），或前頁所述，使用直型電極進行錐度加工等，今後放電加工機

的用途，諒必會有更大的進展。

a.使用方型電極的錐度加工

將左 a 圖剖開的狀態以此電極
進行錐度加工

藉 NC 化進行 切牙加工

圖2.30　應用搖動加工的創成加工

單元4

NC放電加工
《程式加工。搖動加工》

1. NC放電加工機的構造與原理

　　NC放電加工機以事先根據紙帶或藉鍵盤輸入程式，自動進行床台（table）自動定位，加工深度的設定，電極的更換，電氣加工條件的改變等爲目的。

　　圖2.31示NC放電加工機的構成。

　　程式設計時的輸入情報皆以區別機能的英文字母以及數值來表示。這些輸入情報，概由圖示的NC控制裝置予以判別，進行XYZ軸的位置控制，以及其他各種控制。

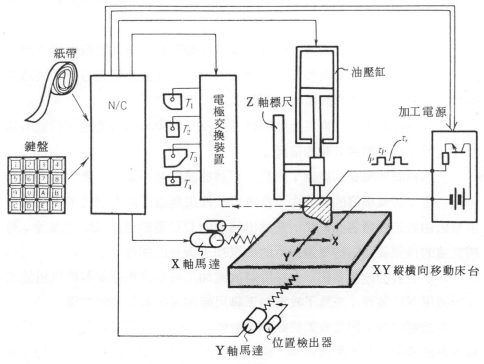

圖2.31　NC放電加工機構成圖

圖2.32 NC放電加工機

　　X軸及Y軸，在床台的自動定位，或進行已述的搖動加工時必須要有高精度的定位，所以藉DC伺服馬達，精密滾珠螺桿，高精度位置檢出器進行閉環（closed loop）位置控制，以 μm 單位的精度可正確定位。

　　又X軸，Y軸的進給速度，自快速進給時的數 100mm/min 之高速至搖動加工或橫方向加工時的數 μm／min 之超低速爲止，必須要有廣範圍的速度控制。

　　Z軸在油壓缸驅動系統，或電動馬達驅動系統設有位置檢出器，同時進行定位的控制，與放電加工中依加工狀態時常會發生變化的極間間隙長的控制，務必把位置與間隙長控制在高精度要求之下。

　　至於其控制方法，則將上述的位置控制信號與間隙長的控制信號時常互作比較，經常維持Z軸的精度。

　　上述極間間隙長的控制，因爲必須將極狹窄且不斷進行變化的間隙維持爲一定，需要極高的應答性，自來雖然採用能適應此要求的油壓驅動，但最近由於出現應答性較快，高輸出轉矩的DC電動馬達或脈波馬達，可將前述的控制委由這些馬達進行的放電加工機也已問世。

　　NC裝置的控制系統，有採用將放電加工特有之機能加裝於汎用的工作機械用NC裝置，或爲了放電加工專用而開發的NC裝置二種。

　　其控制內容，因需要如搖動加工機能，極間短路回復機能，電極端面自動定位機能，甚至與搖動加工組合進行的錐度加工，或自動擴大加工機能等之特殊且高度的技術，故以上述NC裝置而言，以應用電腦的CNC控制方式更爲適合，而且也可以控制更複雜，更高精度的機能。

表 2.4　NC 放電加工機的規格

No.	項　　　　　目	規　　　　　　　　　格	主軸形	床台形
1	輸　　入　　方　　式	鍵盤輸入方式	○	○
2	控　　制　　方　　式	CNC 閉環	○	○
3	設　　定　　單　　位	0.001 mm（X，Y 軸） 0.01 mm（Z 軸）	○	○
4	輸　　出　　單　　位	0.001 mm（X，Y 軸） 0.0025 mm（Z 軸）	○	○
5	最　大　指　令　值	±999.999 mm（自動，手動定位） ± 10.000 mm ┐ ± 30.000 mm ┘（YD 加工）	○	○ ○
6	位　置　指　令　方　式	絕對，遞增兩方式併用	○	○
7	手　　動　　進　　給	高速，寸動	○	○
8	寸　　　　　　　動	5 μm／1 push	○	○
9	手　動　資　料　輸　入	移動指令值（X，Y，Z）	○	○
10	加　　工　　軸　　數	3 軸（X，Y，Z）	○	○
11	YD 運動（搖動）　種　　　　類	4 種類（放射、多角形、任意軌跡、圓弧型）	○	○
	控　制　方　式	3 種類（自由、半固定、固定）	○	○
	錐　度　加　工	僅限於順錐度（控制方式爲半固定）	○	○
	自動擴大加工	僅限於放射、多角形、圓弧型	○	○
12	橫　方　向　加　工	XY 軸同時一軸	○	○
13	自　動　端　面　定　位	使電極自動定位於被加工物的基準端面		○
14	床　台　定　位　數	12（加工深度一定）		○
15	最　大　進　給　速　度	120 mm／min 以上		○
16	電極交換機能（T 機能）	係屬選擇零件另洽		
17	表　　示　　機　　能	電子的:現在值,指令值X,Y,Z變換	○	○
		機械的:量表表示±10mm　X，Y	○	
18	指　　示　　燈　　表　　示	電源，Key lock，起動，停止，寸動軸選擇（X，Y，Z），YD 加工，自動擴大	○	○
		自動端面定位，程式定位		○
19	最　　大　　行　　程	機械對應		○
		20 mm（X，Y 軸）	○	
20	Battery Back-up	72 小時	○	○

2. NC放電加工機的規格

表2.4表示NC放電加工機的規格大小。其有關各種機能之內容說明如下：

(1) 搖動加工機能——爲前述搖動加工機能。

(2) 加工條件自動變換機能——依據加工深度的進行，或上述的搖動加工的搖動半徑，將電氣加工條件預先作好程式設計製造NC帶進行加工的機能。由於將其作成粗加工→細加工→精加工等多個階段的程式，可有效地加工至最終目的的加工面粗糙度。

(3) 自動定位機能——將床台定位所必須的X，Y座標值予以輸入，連續進行多數個加工的機能。

(4) 電極更換機能——雖可藉1支電極則可作粗加工→細加工→精加工，但若在粗加工時電極表面已經荒廢，即使經精加工，也有會將此荒廢面轉稼於被加工物之可能性，非常不適合，所以必需要有粗加工與精加工之電極更換。且使用多種類的單純電極，並藉其各種組合進行目的形狀的加工時甚有效果。（圖2.33電極更換裝置）

圖2.33 電極交換裝置

(5)　橫方向加工機能──加工之方向不祇限定於 Z 軸，XY 平面也可進行加工的機能，對於側面的花紋彫刻，或橫方向的細縫加工，電極的側面修正等皆有效果。

(6)　MDI 定位，寸動，手動進給機能──可將床台或主軸定位至所定之量。手動進給可變更多段進給速度使用。

(7)　軌跡回歸，極間最適進給機能──搖動加工或橫向加工時，可判讀極間信號沿加工軌跡回歸的機能。當短路等異常現象解除時，則再前進進行加工。

(8)　電極端面自動定位──X，Y 座標的電極端面定位係將 Z 軸爲固定的狀態下，將電極向被加工物的基準面作自動進給，檢出由於接觸通電所產生的微少放電使其停止，然後設定基準位置的座標值。
Z 軸則藉極間伺服施行放電定位。進給速度可變換數段，速度愈慢，高精度的位置檢出更爲可能。

第3章

彫模放電加工機的加工技術

電極材料的選擇方法

1. 何謂放電加工技術

　　為有效使用放電加工機以期獲得更大的加工成果，必須研習放電加工的加工技術（使用技術）。

　　若以作業內容分類，放電加工技術可大別為：①電極的設計製作，②被加工物的預備加工，③電極，被加工物的定位，④放電加工電氣條件之設定，⑤加工粉的排除等五大項目。圖2.34為將其依工作順序加以整理者。

　　其中③電極，被加工物的定位，④放電加工電氣條件的設定，⑤加工粉的排除等雖均在放電加工機的運轉操作時實施，但其具體的方法，設定值均應在此以前的階段作充分的檢討與周全的計畫準備，這是非常重要的一點。常常有此經驗，則一旦要實施放電加工時，才發現尚未設定定位基準面，或電極尺寸不適當等令人操心的事發生。

　　在放電加工，絕對需要與被加工形狀相對的電極，而全憑此電極的好壞，大致可決定放電加工的結果。電極是聚集所有的放電加工技術而成者

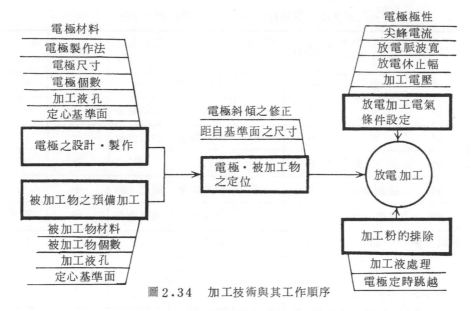

圖 2.34　加工技術與其工作順序

，應依如圖 2.34 所示的加工技術與工作程序作充分的檢討與設計製作。

2. 電極材料的種類

　　雖然不論被加工物材料的硬度，金屬材質如何均可進行放電加工，祇要選擇適合於其使用用途的被加工物材料即可，但當加工超硬合金鋼等時，放電加工的速度遠較加工鋼時的速度慢，且電極消耗也多。

　　就電極材料而言，由於其放電加工特性，價格，被削性等等受某種程度限制。現在廣被採用的電極材料雖以銅，石墨，銀鎢合金，銅鎢合金等較具代表性，但有時也使用鋼，黃銅等。

　　表 2.5 表示電極材料與被加工物材質之各種組合對電極極性的選定與電極低消耗加工的可否之關係。在此所講的電極低消耗，係指電極消耗比 1 ％以下的條件。由表可知，電極低消耗極為可能的材料是以銅、石墨，銅鎢合金，銀鎢合金作為電極材料，而以鋼，鋁，鋅，黃銅作為被加工物時的放電加工。

　　在此所謂的鋼，係指包括軟鋼，工具鋼，模具鋼等所有的鋼。

　　電極材料的具體選定方法，應針對電極製作上的特性與放電加工特性兩觀點加以檢討。

表 2.5 電極材料與被加工物材料的各種組合

電極材料	被加工物材料	電極極性	電極低消耗	電極材料	被加工物材料	電極極性	電極低消耗
銅	鋼	⊕	可	銀鎢合金	銅	⊖	不可
銅	銅	⊖	不可	銀鎢合金	銅鎢合金	⊖	不可
銅	鋁	⊕	可	銀鎢合金	銀鎢合金	⊖	不可
銅	黃銅	⊕	可	銀鎢合金	鋁	⊕	可
銅	鈹銅合金	⊕	可	銀鎢合金	黃銅	⊕	可
銅	超硬合金	⊕,⊖	不可	銀鎢合金	超硬合金	⊖	不可
銅鎢合金	鋼	⊕	可	銀鎢合金	鎢	⊖	不可
銅鎢合金	銅	⊖	不可	石墨	鋼	⊕,⊖	可
銅鎢合金	銅鎢合金	⊖	不可	石墨	銅	⊖	不可
銅鎢合金	銀鎢合金	⊖	不可	石墨	鋁	⊖	可
銅鎢合金	鋁	⊕	可	石墨	黃銅	⊕	不可
銅鎢合金	黃銅	⊕	可	石墨	超硬合金	⊖	不可
銅鎢合金	超硬合金	⊖	不可	黃銅	鋼	⊖	不可
銀鎢合金	鋼	⊕	可	鋼	鋼	⊕	不可

註 1 銅 ：被加工物爲超硬合金鋼時通常粗加工時爲⊕極性，而精加工爲⊖極性。

註 2 石墨：被加工物爲鋼時通常附底加工爲⊕極性，而貫穿精加工爲⊖極性，電極低消耗（消耗比 1 ％以下）僅爲⊕極性而已。

● **電極製作上的特性** ⇨ 價格，被削性，素材大小的限制，操作性容易，製作方法。

● **放電加工特性** ⇨ 加工速度，加工面粗糙度，間隙（clearance），電極消耗。

[銅] 雖然被削性稍差，但價格大致與石墨相等，若被加工物爲鋼，與貫通加工形狀，留底加工形狀同爲最普遍被採用的電極材料，尤其加工面粗糙度在 $6\mu R_{max}$ 程度的精細表面，可作電極消耗比 1 ％以下的放電加工，最適合於留底加工形狀的精加工。

　　即使極其複雜的三次元形狀之被加工物，除亦可採用藉銅電鑄之電極製作方法的優點以外，細孔的加工等，可購買市售的銅管使用。

　　但銅之熱膨脹係數較鋼為大，因此，使用大電極的貫通加工，會由於放電加工中的溫度上昇，成為與使用較大尺寸的電極加工同樣，且間隙也會變大，故必須注意。

　　若被加工物材料為超硬合金鋼時，電極消耗比會達到30％～100％。

[石　墨]價格與銅大致相同，被削性非常良好，若被加工物為鋼時，對貫通加工形狀的放電加工特性最優，有漸漸取代銅之趨勢。

　　對於留底加工形狀，若其加工面粗糙度在 $20\,\mu R_{\max}$ 以上的加工，雖然電極消耗特性較其他電極材料為優，但若為更細的加工領域，則在實用上使用電極消耗較多的條件更有效率，對於電極消耗比 1％ 以下的放電加工，現在幾乎不再使用。(請參照 31，41，50 頁)

　　石墨材料，近年來已有新的品種經已開發，上述精加工領域內電極消耗之缺點，亦已獲得改善。然而如圖 1·23，表 1·2 所示，本來石墨電極是以尖峰電流 I_p，脈波寬度 τ_p 較大，具有電極消耗比少的特性，故對於高速低消耗加工有利自不待言。

　　且，石墨因熱膨脹係數小，對於使用大電極的貫通加工最為適合。

線膨脹係數（20～100℃ 之間）	
石　墨	$0.6\sim 4.3\times 10^{-6}$
鋼	12×10^{-6}
銅	16.7×10^{-6}

[銅 鎢 合 金]被削性較銅良好，雖電極消耗等之放電加工特性較銅為優，但因價格約為銅之 40 倍，所以其使用被限制。

　　當被加工物為鋼時，主用於高精度的貫通加工形狀，以及加工面積小且高精度的留底加工形狀。

　　而被加工物為超硬合金鋼時，被採用最多，電極消耗比約小至 15～20％。

[銀 鎢 合 金]被削性大致與銅鎢合金相等，但其價格更高約為銅之 100 倍，祇不過偶爾用於超硬合金鋼的加工而已。

［黃　銅］因電極消耗多，加工速度也較銅遲，現在幾乎不再使用，但由於放電時的短路少，加工安定。現今用於線切割放電加工機。

［鋼］於冲剪模等的加工時，有時用於以冲頭直接加工冲模。加工速度爲銅的 1/2～1/3，電極消耗比爲 15～20％，其他如上模，下模的分割面配合加工，結果是成爲鋼對鋼的加工。

茲將適用於模具加工的電極材料與各種模具的對照表示於 表2.6。

表2.6　各種模具與適用電極材料

放　電　加　工　內　容				電　　極　　材　　料			
區分	模具名稱	被加工物材料	放　電　加　工　領　域	銅	石　墨	銅鎢合金	銀鎢合金
貫通加工形狀	冲床冲剪模	鋼	粗　　加　　工	◎	◎	○	○
			單邊間隙　0.02 以下	○	○	◎	◎
			〃　　0.02～0.05	◎	◎	◎	○
			〃　　0.05 以上	◎	◎	◎	○
		超硬合金	粗　　加　　工	○	△（消耗大）	○	◎
			精　　加　　工	△（消耗大）	×（消耗大）	○	◎
	粉末冶金模	鋼	粗　　加　　工	◎	○	◎	○
			精　　加　　工	◎	△（消耗大）	◎	◎
		超硬合金	粗　　加　　工	○	△（消耗大）	◎	◎
			精　　加　　工	△（消耗大）	×（消耗大）	◎	◎
留底加工形狀	塑膠鑄模・壓鑄模	鋼	加工面粗度 5～10 μR_{max}	○	×（消耗大）	◎	◎
			〃　10～20　〃	◎	△（消耗大）	◎	○
			〃　20～30　〃	◎	○	○	△（高價）
			〃　30～50　〃	◎	◎	△（高價）	×（高價）
			〃　50～100　〃	○	◎	×（高價）	×（高價）
			〃　100～200　〃	△（消耗大）	◎	×（高價）	×（高價）
	鍛造模	鋼	加工面粗度 10～20 μR_{max}	◎	△（消耗大）	○	△（高價）
			〃　20～30　〃	◎	○	△（高價）	×（高價）
			〃　30～50　〃	◎	◎	×（高價）	×（高價）
			〃　50～100　〃	○	◎	×（高價）	×（高價）
			〃　100～200　〃	△（消耗大）	◎	×（高價）	×（高價）
			〃　200 μR_{max} 以上	×（消耗大）	◎	×（高價）	×（高價）
電極材料價格（相當於 100×100×100）				約580圓	約500圓	約24,000圓	約60,000圓
被　　削　　性		切　　削　　性		○	◎	○	○
		研　　削　　性		△	◎	○	○
可　否　作　銀　硬　銲				◎	×	◎	◎

判定（◎優秀　○大致良好　△有問題　×最好不要使用）

單元 2　電極製作方法

1.　銅電鑄法

1 標準模型
木，石膏，金屬，樹脂等。

標準模型

2 應用注模方式製作輔助（捨棄）模型
樹脂，橡膠，石膏等。於外框的裝配，離模處理，塗布樹脂或橡膠，裝安吊具剝離工模後注模。

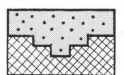

3 由標準模型剝離捨棄模型
使用剝離工模。

捨棄模型
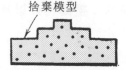

4 使用注模方式製作電鑄母模
樹脂，橡膠，石膏等，於外框的裝配，離模處理，塗布樹脂或橡膠，裝安吊具剝離工模後注模。

電鑄母模
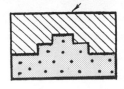

5 電鑄母模剝離後之導電化處理
經銀鏡反應或塗布銀粉，碳粉，防水處理，裝配引出線並經洗淨之後，施予導電化處理。

導電化處理

6 銅電鑄　藉銅電鑄裝置之電鑄浴，浴溫之管理，電鑄電流之設定。

⊕　　⊖ 電鑄
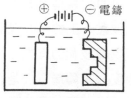

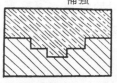

7 補強　使用樹脂，石膏，玻璃布，pipe，鋼板等。電鑄面的洗淨，接着劑的塗布，注模或積層。

補強

8 自電鑄母模剝離　（使用剝離工模）
→完成

完成

121

 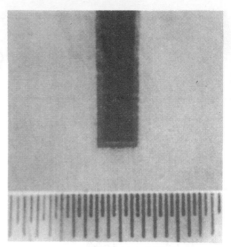

圖2.35 從前的電鑄方式　　　　　　　　經已改良的電鑄方式

　　近年來深受注目，且其實用化也正在急速發展中的銅電鑄電極製作法乃為複雜的三次元形狀之電極製作方法，其製作工程如前頁所示。銅電鑄法因對電鑄母模的臨摹精度極優，且電鑄加工可連續幾天施以無人運轉，故不但可大幅減輕人工費，且無需如機械切削加工般爐火純青的專業技術。

　　尤以最近電鑄技術的進展，電鑄層的厚度也趨向均一化，凹部底面亦能易得充分厚度的電鑄層，於是在放電加工中，經常會有如電鑄破損等之缺點也大致可獲得改善，同時對槽寬 W 之槽深 H （ H/W ）也可達到 $4 \sim 5$ 倍左右作銅電鑄，其適用範圍也正在大幅擴大之中。

　　現在已廣用於汽車，家庭電化用品等的塑膠模具，壓鑄模具以及各種抽製模具，玻璃模具等的電極製作。

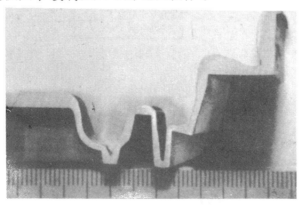

銅電鑄的電極例

2.　鍛造成形法

必須繼續使用同一模具的消耗性模具，尤其是鍛造模具，如能趁在模具尚新時，將銅材以鍛造方法予以成形，則可作爲電極使用。圖 2‧36 示藉鍛造方法之電極製作方法。

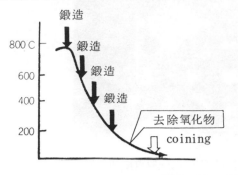

① 在 800～200℃ 之間應隨着溫度的下降反覆鍛造幾次。
② 在 200℃ 以下之處應去除電極材表面的氧化物。
③ 在常溫附近施以壓印加工（coining）修正尺寸。

圖 2‧36　鍛造成形法

3.　藉線切割放電加工機製作電極

欲製作如圖 2‧37 所示電極時，若採用機械工作方法必須先將 4 枚電極予以成形後組立製作，但若使用線切割放電加工機時，其製作程序將更加容易。

今示組合線切割放電加工機及一般放電加工機進行冲剪模加工之例。

圖 2‧38 則爲其一例。冲模（die）與 2 個銅電極是由線切割放電加工機製作，再使用此銅電極以放電加工製作冲頭（punch）。由於冲模和精加工用銅電極，完全藉線切割放電加工作成同一尺寸及同一關係位置，故

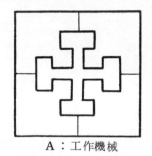

A：工作機械

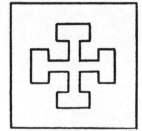

B：線切割放電加工機

圖 2.37　藉工作機械與線切割放電加工機製作電極之比較

圖 2.38 組合線切割放電加工機與一般放電加工機
製成之冲剪模

經放電加工後的 9 支冲頭與冲模的 9 個孔，絕對正確保持於相對位置之關係，於是冲頭與冲模的對準非常容易。

且最近的線切割放電加工機也可作±5°左右的錐度加工，故留底加工形狀的電極製作亦為可能。

定位的方法

電極以及被加工物的定位方法，雖依所採用的工模，工具的不同有各種方法，無論使用那一種方法都應注意下列幾點：

(1)　電極及被加工物應有正確的基準面。

(2)　基準面應無毛剌或附着塵埃，油脂等。

(3)　電極，被加工物對主軸以及床台的移動方向應保持垂直或平行。

圖 2.39 示校正電極與被加工物的垂直度，平行度的要領。此工作將成爲求取中心與定位的基本，應確實進行。

圖 2.40 示電極基準面與被加工物基準面互爲對準後由此位置藉床台的移動予以定位的方法，是利用範圍最廣的方法。

圖 2.41 在電極基準面與被加工物基準面之間插入精測規塊予以定位的方法。

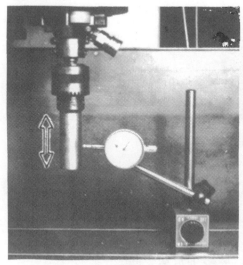 

<校正電極的垂直精度>貫通加工時　　　<校正電極上面的平行精度>留底加工時

校正電極的傾斜精度

圖 2.39　校正電極、被加工物的垂直度與平行度

131

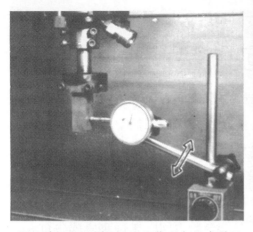 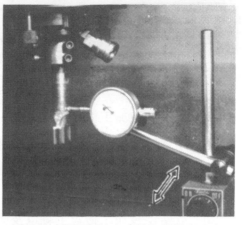

調整電極的側面與床台的移動方向成平行　　調整校正電極回轉角度的基準面與床台
　　　　　　　　　　　　　　　　　　　　移動方向成平行

校正電極回轉角度

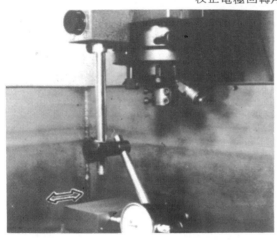

調整被加工物的基準面與床台的
移動方向成平行

校正被加工物的基準面

圖2.39　　（續）

　　圖2.42是將電極基準面嵌入定心環予以定位的方法。

　　圖2.43為利用回轉床台的方法，當基準面為圓形時可作高精度的定
心。

　　圖2.44為使用定心桿的方式，適於較大電極之時。

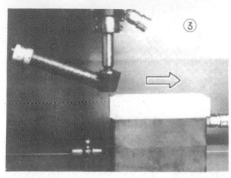
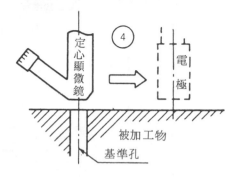

① 被加工物基準面與電極側面互為接觸（可藉指示燈確認），藉移動床台定位。
② 將直規（straight-gage）壓緊於被加工物基準面，使電極側面與此直規接觸（藉指示燈確認），藉移動床台定位。
③ 將求取中心用顯微鏡的中心對準被加工物基準面，藉移動床台定位。此時，顯微鏡的中心與電極中心應正確對準。
④ 由被加工物基準孔藉求中心用顯微鏡定位的方法，其操作方法與③同。

床台的移動量可藉數字直讀裝置測定。

圖 2.40 由被加工物基準面移動至床台的方法

① 將直角規壓緊於被加工物基準面（或藉磁石固定）與電極基準面之間插入精測規塊予以定位。

圖 2.41 使用精測規塊之定位

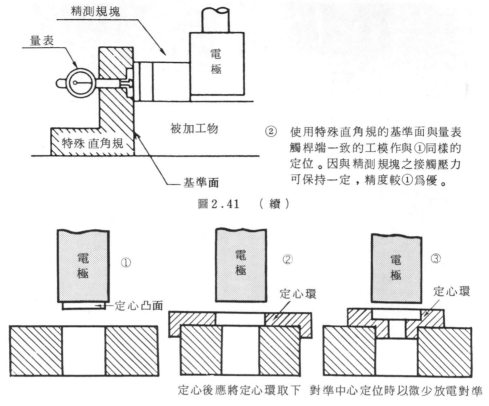

② 使用特殊直角規的基準面與量表觸桿端一致的工模作與①同樣的定位。因與精測規塊之接觸壓力可保持一定，精度較①爲優。

圖2.41 （續）

定心後應將定心環取下　　對準中心定位時以微少放電對準

① 於電極先端設有較被加工物孔小0.02～0.03之定心凸面使此定心凸面與被加工物孔互爲對準的方法。

② 以被加工物外徑爲基準之定心環的孔與電極外徑互爲對準定位的方法。定心環的孔徑應較電極外徑大0.02～0.03。

③ 係以被加工物孔爲基準之定心環的孔與電極外徑互爲對準定位的方法。定心環的孔徑應較電極外徑大0.02～0.03。

圖2.42 藉定心凸面，定心環的定位

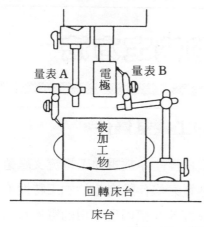

量表 A　電極　量表 B

被加工物

回轉床台

床台

・旋轉回轉床台，使量表 A 的指針靜止不動，然後固定被加工物。
・其次再旋轉回轉床台，並移動床台同樣使量表 B 的指針靜止不動。
・雖僅限於圓形加工物及圓形電極，但可求得高精度的定位。

圖 2.43　藉回轉床台的定位

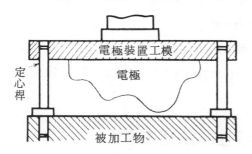

電極裝置工模

電極

定心桿

被加工物

・藉工模搪床在電極裝置工模及被加工物搪製定心孔，將定心桿與其嵌合予以定位。
・此時，電極裝置工模與電極應事先裝妥於正確的關係位置。
・將定心桿取出後的狀態下進行放電加工。

圖 2.44　藉定心桿定位

單元 4
電氣條件的決定方法

1. 何謂放電加工電氣條件

　　放電加工電氣條件的設定項目以電極極性，放電加工電流尖峰值，放電脈波寬，放電休止寬爲主。而對這些電氣條件設定值的加工特性（加工面粗糙度，間隙，電極消耗比，加工速度等）概因所採用的電極材料，被加工物材料之不同大有差別，故加工特性的數據（data）應依所使用電極材與被加工物材質組合之不同各別作成。

　　關於放電加工電氣條件之具體設定值詳細，應依據加工特性數據，選定適合於放電加工內容的設定值。（參照137頁）（加工特性數據概由各廠商提供）

2. 電極極性的決定方法

　　參照表 2.5。係表示所採用電極材與不同被加工物的電極極性之設定方法。在此祇補述有關此表之說明。

　　在表中石墨：鋼以及銅：超硬合金這兩欄均表示 $\oplus$，$\ominus$ 兩方，但其設定應依下列敍述爲準。

石墨：鋼

- 加工面粗糙度在 $15\mu R_{max}$ 以下的貫通加工形狀應設定爲 $\ominus$ 極性。
- 留底加工形狀以及加工面粗糙度在 $15\mu R_{max}$ 以上的貫通加工形狀應設定爲 $\oplus$ 極性。

銅：超硬合金

- 粗加工領域應設定爲 $\oplus$ 極性。
- 精加工領域，如特別重視電極消耗時應爲 $\oplus$ 極性，而特別重視加工速度時，則應設定爲 $\ominus$ 極性。

3. 放電加工電流尖峰值(I_p)與放電脈波寬度(τ_p)的選定

在同一加工面粗糙度（或為間隙）之加工速度，應視其電極消耗能壓低至什麼程度，而有大幅度的變化。

如圖2.45所示，如容許其電極消耗較多，則加工速度較快，反之如將電極消耗壓低，則加工速度較慢。

如重視電極消耗時，應設定I_p之值小，τ_p之值大。反之，如重視加工速度時，則應設定I_p之值為大，τ_p之值為小。

如此，雖為同一加工面粗糙度（或為間隙）以I_p和τ_p組合的不同，有其各種不同的設定存在。如能利用此特性針對不同的加工內容加以靈活運用，則為有效使用放電加工機的重要關鍵。（參照 41頁）

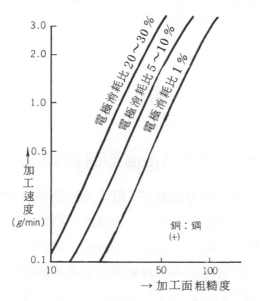

圖2.45 對不同電極消耗的加工面粗糙度與加工速度的關係

● 可作1%以下電極低消耗加工材料的注意事項

＜貫通加工形狀的粗加工＞ 在電極消耗比為1～5%的範圍內，依放電加工特性數據選定I_p，τ_p的設定值。（由各廠商所提供者）

＜貫通加工形狀的精加工＞ 在電極消耗比10～30%的範圍內選定I_p，τ_p。

＜留底加工形狀＞ 在電極消耗比為0.5～1%的範圍內選定I_p，τ_p。

　　上述均爲採用銅電極⊕加工鋼的代表例。

　　若使用石墨電極時如下：

＜使用石墨電極作鋼的粗加工＞　應選定較大的 I_p，並儘量使消耗比（ε）
　　爲最小，而精加工則允許數％的消耗。電極消耗比在 1％ 以下與銅電
　　極比較並非實用。

● 不能作電極低消耗加工材料的注意事項

＜貫通加工形狀的粗加工＞　應將 τ_p 設定爲 $30\,\mu\sec$ 以下。

＜貫通加工形狀的精加工＞　應將 τ_p 儘量設定爲 $15\,\mu\sec$ 以下較小值。

＜留底加工形狀＞　爲獲得所期望的形狀，應有多數個電極或必須作電極
　　之修正，其必要數量及修正次數如下：

　　設可能範圍的電極消耗比爲 ε_1，在期望形狀下之總合電極消耗比爲 ε_2
　　，則與更換電極次數 n 之間有如下之關係：

$$\varepsilon_1{}^n = \varepsilon_2 \qquad\qquad\qquad (\text{II}\cdot 1)$$

　　設 $\varepsilon_1 = 0.2\,(20\%)$ ，$\varepsilon_2 = 0.01\,(1\%)$ 則 $n \doteqdot 2.9$ 更換 3 次即可
　　。當然邊緣（edge）消耗尚須特別加以留意。

4.　放電休止時間寬 τ_r：OFF time 的設定方法

　　雖然爲提高加工效率休止時間寬 τ_r 是愈短愈好，但太短時恐會導致放
電集中之虞。一般均視極間的淤渣處理能力來設定，故無法一概而論。

　　通常，貫通粗加工爲 $10\,\mu\text{s}$ 以上，精加工爲 $5 \sim 10\,\mu\text{s}$ ，而留底加工
時則採用 $10\,\mu\text{s}$ 以上。又若能採用附有休止時間自動設定裝置（適應控制
裝置）的放電加工機則更爲方便。

單元5 提高加工效率的訣竅

1. 將被加工物先作預備加工

加工效率深受預備加工與加工粉的排除之影響很大。

圖 2.46 示以直徑 20 mm 的銅電極，將 10 mm 厚的工具鋼，以 10μ $R_{\max}$ 的加工面粗糙度貫穿加工時，對不同放電加工裕度與加工時間的關係作比較而成的資料。可知加工時間大致與放電加工裕度成比例而增長。

因之，提高加工效率的第一要務乃為充分先進行被加工物的預備加工，減少放電加工裕度。被加工物的預備加工除減少放電加工裕度，縮短加工時間之外，尚有如下之效果。

(1) 促使加工粉的排除容易，其結果可縮短加工時間並提高加工精度。

(2) 由於事先的預備加工，與放電加工直接有關的加工深度變淺，電極消耗量也會減少。

表 2.7 表示被加工物的預備加工例。

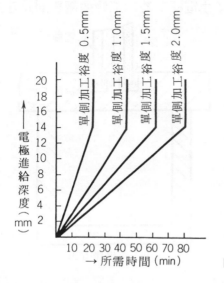

加工面粗糙度：$10\mu R_{\max}$
電極材料：銅 $\phi 20$
被加工物材料：鋼（SK-5）厚度 10 mm

由此可知加工時間大
致與放電加工裕度成
比例增長

圖 2.46 放電加工裕度與加工時間之關係

139

表 2.7

貫通加工形狀	① 形狀較大者，先以輪廓鋸機等針對加工形狀加工至單側側面只留 0.3～0.5 mm 之放電加工裕度。 ② 如以輪廓鋸機加工困難的形狀，或加工深度較深者，應儘量多鑽幾個貫穿孔。 ③ 如無法鑽孔的超硬合金鋼等，則以銅管等爲電極藉放電加工予以貫穿。 ④ 如無法充分施以預備加工之形狀者應準備粗加工用電極。
留底加工形狀	① 若可藉銑削加工者，應針對其加工形狀加工至單側側面只留 0.5～1 mm 的放電加工裕度。但底面方向應儘可能加工至加工形狀的深度。 ② 如銑削加工困難者，應儘量多鑽幾個孔。 ③ 如無法充分施以預備加工之形狀者應準備粗加工用電極。

2.　加工粉的排除(淤渣處理)

加工液噴出法

　　如能將放電加工所生成的加工粉，由電極．被加工物的兩極間迅速排

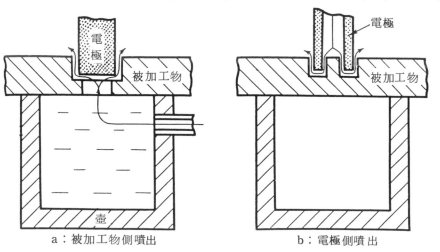

a：被加工物側噴出　　　　　　　b：電極側噴出

圖 2.47

表2.8　加工液噴出壓力

	加　工　液　壓	備　　　考
貫通	○粗加工　　　0.05～0.2 kg/cm²	○適用於幾乎全部的貫通孔粗加工。
	○精加工　　　0.1～0.4 kg/cm²	○側面會形成錐度（由於加工粉的二次放電所引起）。
	○細孔加工　　0.5～1.0 kg/cm²	○細孔加工時應使用 pipe 電極。
留底	○粗加工 Gr電極　0.1～0.2 kg/cm² Cu電極 0.05～0.1 kg/cm²	○除無法設置加工液孔者外幾乎適用於全部的留底加工。
	○精加工 Gr電極　0.1～0.3 kg/cm² Cu電極 0.05～0.1 kg/cm²	○如使用 Cu 電極時若液壓太高，電極消耗會增加。

除，則可將放電休止寬 τ_r 設定爲較小值，故可提高加工效率。

　　排除加工粉最有效的方法爲強制流通加工液於極間，其方法有三種。

　　圖 2.47 示加工液噴出法。如電極或被加工物可開啟加工液孔時應用最廣。表2.8 示加工液之噴出壓力。

爲壓制坡度至最小的吸引法

　　使用加工液噴出法，因會在加工側面發生坡度，爲壓低坡度至最小的方法，有圖 2.48 的加工液吸引法。表2.9 則爲吸引壓力的設定值。

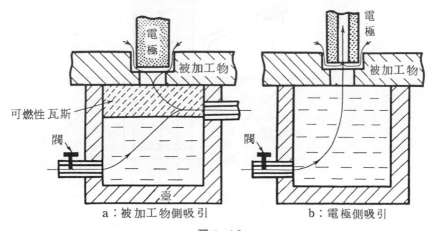

a：被加工物側吸引　　　　　b：電極側吸引

圖 2.48

表 2.9　吸引壓力設定值

	吸　引　壓	備　　　　　　　　　　考
貫　通	○精加工　　10～20 cmHg （標準　　15 cmHg）	○電極強度小時為 10 cmHg 左右。 ○電極強度大時 20 cmHg 亦可。 ○吸引壓力之設定，應將位於加工槽右上面 　的吸引壓調整鈕鬆開至最大，藉設於壺底 　的開關閥行之。
留　底	○精加工　　10～15 cmHg	○與噴出法比較，因微少流通困難，電極消 　耗增多。

噴射法

　　當電極或被加工物無法開啟加工液孔時，尚有如圖 2.49 所示的由電極側面加強噴射加工液的方法。表 2.10 為加工液噴射壓力之設定值。

　　另有將電極使其定時上下移動，利用其唧筒作用來排除加工粉的方法，通常與加工液的強制流通一併使用。

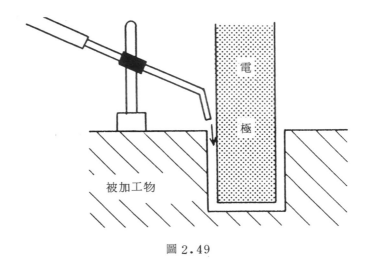

圖 2.49

表 2.10 噴射壓設定值

	噴 射 液 壓	備 考
留 底	○粗加工 0.5 kg/cm² 以上 ○精加工 0.5 kg/cm² 以上	○加工深度較淺時，有時由於電極消耗之關係 　也有設定在 0.2 kg/cm² 左右。 ○加工深度愈深，加工面粗糙度愈細，噴射壓 　力應愈強。設定在 1 kg/cm² 者亦多。
貫 通	○粗加工 0.5 kg/cm² 以上 ○精加工 0.5 kg/cm² 以上	○有時亦使用於開啓加工液孔困難者，或板厚 　較薄的零件加工等。

單元6

加工方法的訣竅

1. 靠側加工法

　　以稍為較粗的放電加工條件施以加工後，不更換電極而僅變更放電加工條件，邊移動床台邊加工側面壁為精加工面的方法，兼有電極個數的減少與加工時間的縮短等雙乘效果。圖2.50示靠側加工的順序。

① 床台在固定的狀態下已經完成粗加工放電，此後變更為所期望的加工面粗糙度之放電加工條件，改為靠側加工方法。

② 將床台移動如箭頭所指之2方向後，將此兩面精加工。此時的床台移動量 a 為將粗加工時的放電擴大裕度與加工面粗糙度合併之值。

③ 再將床台移動如箭頭所指之另一方向後，精加工另一側面及隅角部。床台移動量為自②的位置 $a \times 2$

④⑤ 同樣移動床台完成全面的精加工。

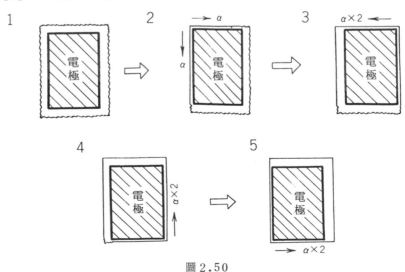

圖2.50

144

　　床台的移動，雖然每次均以手動行之，但最近也有將其予以自動化的搖動裝置已被開發，並已達到實用化的階段。（請參照112頁）

2.　藉逆放電之電極修正

　　當底面為平面形狀的電極時，若能將底面的電極消耗部份藉逆放電予以修正則甚為方便。圖2.51示藉逆放電作電極修正的方法。

　　圖中①示放電加工前的狀態，②示經放電加工後電極經已消耗的狀態，③示將修正用電極材（以銀鎢合金或銅鎢合金為適當）安置於被加工物上，然後如④所示藉逆放電將電極消耗部予以修正。

　　修正後將修正用電極卸下，如⑤所示再將被加工物予以放電加工，則可獲得銳利的內角緣（corner edge）。

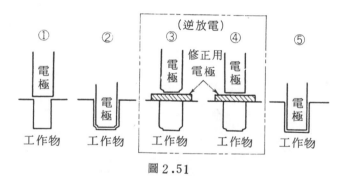

圖2.51

表2.11　修正電極材與其特性

修正用電極材與極性	電　極　材	電極體積消耗比	加工速度比
⊖ 銀鎢合金	銀鎢合金	20～25 %	1
⊖ 銀鎢合金	銅鎢合金	25～30 %	0.8～0.9
⊖ 銀鎢合金	銅	5～8 %	5～5.5
⊖ 銅鎢合金	銀鎢合金	25～30 %	0.8～0.9
⊖ 銅鎢合金	銅鎢合金	30～40 %	0.6～0.7
⊖ 銅鎢合金	銅	7～10 %	3.5～4
⊖ 銅	銅	20～30 %	3～3.5

加工速度比為,設銀鎢合金:銀鎢合金為1之時

　　使用此法修正電極時，因可不必卸下電極，電極修正後的定位極爲簡單，即使強度較弱的電極亦不會在修正中發生彎曲等危險。

　　但祇限用於電極底面爲平面形狀時，而且廣面積的電極會有長時間逆放電的缺點。

　　表 2.11 示逆放電所使用的修正用電極材與其特性。

加工資料的建立

　　放電加工雖然不需要所謂爐火純靑的高度專門技能，但根據實績的放電加工資料則甚爲重要。祇要有完善的，適當的加工資料，供爲有效運用，則無論何人均能簡單操作放電加工機。

　　放電加工機製造廠商所提供的加工特性資料，其大部分皆爲以簡單形狀的電極（俗稱標準電極，係爲獲得最佳加工性能而設計的理想形狀之電極）來作加工試驗所得的放電加工的基本性能，在實際上的模具加工時，多無法直截了當地採用其特性值，尤其加工速度或間隙都會因電極形狀，加工深度，加工粉排除狀態等的不同而發生相當的差異。

　　放電加工機製造廠商所提示的加工特性資料，技術資料祇能說是放電加工技術的基礎，而適合於各位客戶的加工技術必須以此爲基本，反覆作下列循環，放電加工的計劃 → 放電加工的實施與加工狀況的資料化 → 加工結果的檢討與掌握問題 → 將加工結果應用於下一次的加工等當作技術資料予以儲存歸檔，作爲適合本公司的放電加工資料。

　　至於加工資料的建立方法雖有各種型式，最重要的是當他人進行同一加工時，將能獲得同一加工結果，或更好的加工結果之必要事項加以詳細記載於一張資料單上。

　　且此資料單將會直接影響下次的放電加工，故必須詳記有問題，或困擾之點以及改善方法，或對策以資參考。

　　圖 2.52 示加工資料的建立方法之一例，但因限於紙張大小有些項目不得不予以刪除。但電極‧被加工物的定位方法，加工後的位置精度等項目無論如何一定要記入。資料中放電加工條件內的設定值，係採用各放電加工機製造廠商獨自的表現‧數值，請注意。

放電加工機加工資料		加工實施日期	昭和 54 年 1 月 18 日
加工品名	粉末冶金用模具（貫通）	使用放電加工機種	DK 280＋EP 60.11

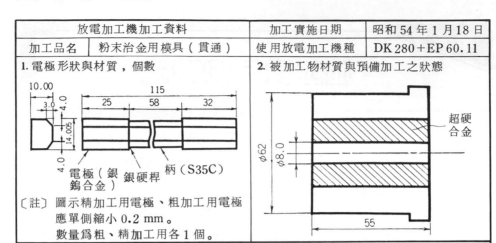

1. 電極形狀與材質，個數

電極（銀鎢合金） 銀硬桿 柄（S35C）

〔註〕圖示精加工用電極、粗加工用電極
應單側縮小 0.2 mm 。
數量爲粗、精加工用各 1 個。

2. 被加工物材質與預備加工之狀態

超硬合金

3. 放電加工條件與加工時間

加工區分	粗加工	精加工	
電極極性	⊖	⊖	
$I_P(\Delta I_P)$ Notch	7(5)	4(5)	
ON time Notch	5.0	2.0	
OFF time Notch	6.0～7.0	1.0～5.0	
G 調整	切	切	
伺服電壓	＋1 V	＋1 V	
加工電流	18～13A	6～2 A	
電極定時拉上	切	切	
加工液壓	吸引 15 cm Hg	吸引 20 cm Hg	
電極進給深度	0 → 76 mm	0 → 76 mm	
加工時間	1 小時 35 分	1 小時 13 分	
加工時間合計	2 小時 48 分		

4. 加工精度
① 加工面粗糙度：$9～10 \mu R_{max}$
② 加工孔的尺寸

〔入口側〕 〔出口側〕

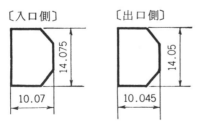

5. 電極消耗狀態
隅角部的最大電極消耗長爲粗加工電極
25 mm，精加工電極 19 mm 。

6. 考察
粗加工電極的隅角部電極消耗有稍長之
感，下次加工時擬設定爲
$$I_P(\Delta I_P)：6(5)$$

圖 2.52　放電加工機加工資料之一例

模具的磨光方法

經放電加工的加工面雖然不再加工亦可直接使用（如冲剪模，鍛造模等），但如塑膠成形模有時也必須將其磨光至光澤面的程度。

放電加工面，如55頁所述，因有變質層的殘留，彫模放電加工面已經硬化，故磨光將更困難。

此變質層的厚度，通常爲加工面粗糙度的1～2倍左右，故本質上若能儘可能以加工面粗糙度較細的加工條件施以加工，則較容易去除。

且依後述的搖動加工，也較容易獲得良好的加工面粗糙度。

尤其採用機械式方法磨光有困難的部分，則以採用放電加工的加工領域爲佳，有時亦可加工至 $1\mu R_{max}$（$1\mu m$）以下。

然而，放電加工愈是精細的加工面其加工速度愈極端的慢，故廣大面積，或容易磨光的形狀，多採用下述以機械式手法之磨光作業。

1. 除去變質層的對策

  (1) 藉放電加工作微細加工面的精加工，以及藉電極的行星運動及搖動運動去除。

  (2) 藉搪磨具（extruded hone）的流動磨料加工（圖2.53）

  (3) 藉手工具（超音波研磨具）之電解研磨（如圖2.54）使用金屬結合劑的鑽石砂輪）

  (4) 使用鑽石銼刀，鑽石磨輪等手工具。

  (5) 使用超音波鑽石研光具。

  (6) 把放電加工形狀本身先作誘導均勻工作後，以小型凹轉磨輪研磨。

  (7) 藉化學試藥作化學研磨或電解研磨。

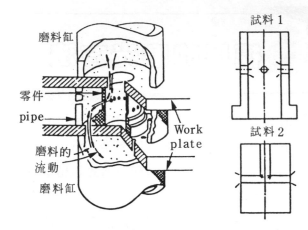

圖 2.53　使用搪磨具（Extruded Hone）的方法

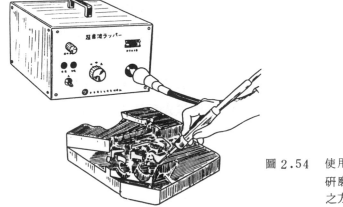

圖 2.54　使用手工具（超音波
　　　　研磨具）作電解研磨
　　　　之方法

2. 放電加工與其他方法的靈活運用

(1) 複雜的處所以放電加工的微細加工面條件研光。

(2) 平坦，單純的處所則以機械式手法研光。

單元 9
彫模放電加工的實行技巧

1. 塑膠成形模

圖 2.56 為電算機外殼的模具。使用不同間隙的粗加工用與精加工用二種電極。而且為使電極製作容易將其分割為二。

圖 2.55 塑膠成形模（電鑄電極）

電極有粗加工與精加工
二種電極之分割

圖 2.56 塑膠成形模

2. 無毛邊模具的製作方法

圖 2.57 示使用與成形製品同一形狀的電極，同時進行上下兩模的分模線合模加工。

其製作方法如圖 2.58 所示（日本專利 757006，864424）。

圖 2.57　使用與成形製品同一形狀的電極，同時進行上下模分模線的合模加工

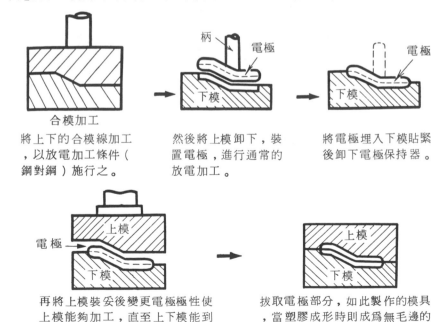

合模加工
將上下的合模線加工，以放電加工條件（鋼對鋼）施行之。

然後將上模卸下，裝置電極，進行通常的放電加工。

將電極埋入下模貼緊後卸下電極保持器。

再將上模裝妥後變更電極極性使上模能夠加工，直至上下模能到達合模面之全面為止。

拔取電極部分，如此製作的模具，當塑膠成形時則成為無毛邊的構造。

圖 2.58　無毛邊模具製作的順序

3. 裝置於模座的模具加工

圖 2.59
將大型沖剪模
裝置於模座一
起加工之例

大型沖剪模（圖2.59）的沖頭與電極

沖模（Die）

圖2.60

　　係將石墨電極貼緊於圖2.59的沖頭側成爲一體予以研磨，並一起施以放電加工者。藉此可充分發揮放電加工的實物配合特性，卽使再大的模具也可保持均一的間隙。

4. 壓鑄及鍛造模具的加工

圖 2.61
使用石墨電極加工壓鑄模具之一例
深肋的加工

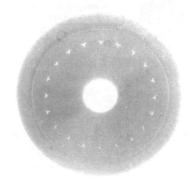

圖 2.62
開啓異形小孔的加工。為此必須藉線
切割放電加工或與放電加工的組合方
式製作電極

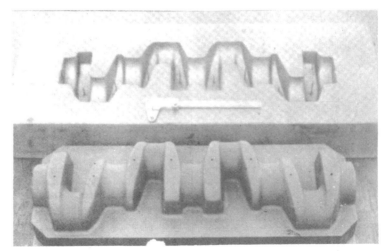

圖 2.63
使用石墨電極加工曲柄軸鍛造模具的一例
粗加工所須時間為 8.5 小時（自全無預備加工的狀態算起）

單元 10
模具加工以外的放電加工

1. 細密加工

通常施行細密加工時均有下述困難。

欲施以切削加工，塑性加工時，往往由於鑽頭或銑刀等刀具的製作會發生困難，深受加工形狀的限制。例如鑽頭雖已製作至 $\phi 0.5\,mm$，但比 $0.5\,mm$ 以下直徑的鑽頭並非不能製作，實屬困難。而且此類刀具的價格高昂屢有折損等無謂的消耗。

因此若應用放電加工於細密加工時，有下述放電加工的特長可加以利用。

(1) 只要是導電性的材料均可加工。尤其是難切削材料的加工利用放電加工最有效。

(2) 異形孔的加工簡單。

然而，若以一般的放電加工機應用於細密加工時，會產生下述困擾。

(1) 一般的放電加工機因其單發的放電能太大，若應用於細孔加工時，精度較差。

(2) 由於電極自動伺服進給發生不安定，有時電極與工作物會發生衝突，致使電極彎曲。

(3) 電極的細密工作困難。且電極的定位亦相當困難。

在此特介紹將這些應用一般放電加工機進行細密工作時的困擾——加以改良之細密加工專用放電加工機的一例。（圖 2.64）

應用此種放電加工機可在 $0.15\,mm$ 厚板上作寬度 $0.026\sim 0.030\,mm$ 的細縫加工。

圖 2.65 所示的細孔加工用放電加工機則使用 $\phi 0.2\sim \phi 1\,mm$ 的銅管（Cu pipe）電極，在靠近工作物的最近距離設有精密導引機構，以便防

圖 2.64 細孔加工用放電加工機機
械裝置部。可作 0.03mm
寬的細縫加工

圖 2.65 藉細孔加工用放電加工機精密
導引機構防止電極發生橫向振
動

止電極的橫向振動。

---

2. 零配件加工

在我國（日本），放電加工機的大部分均用於模具製作，但近日來由
於廣泛用於零配件的加工，使用放電加工機的數量有急激上昇之趨勢。

隨着放電加工廣用於零配件的加工，其最重要者莫過於工模（jig），
其必須具備的功能有如下幾點：

(1) 工作物及電極的裝卸容易。

(2) 因反覆精度的要求非常嚴格，故要有安定的基準面。

(3) 工模（jig）本身應有分度機構以及進給機構。

(4) 工作物用的工模，在其性能上因需浸漬於加工液或濺射加工液，故
必須針對加工液及淤渣加以考慮。

且零配件加工專用的放電加工機，必然是以零配件的大量生產爲其加
工對象，故祇具備標準機種所有的功能是無法滿足其要求的，所以必須要
具有適合於零配件加工內容的專用功能以及專用機化的放電加工機。

圖 2.66 所示爲 4 軸加工頭的放電加工機，具有 4 個伺服加工頭，僅
靠 1 台電源則可作個別伺服控制，故可依序進行不同加工形狀的加工。

圖 2.66　4 軸加工頭的放電加工機

　　而且工作台上裝設有經已定位的工模，無須再爲定位去驅動工作台，故工作台驅動功能已被拆除。

3.　軋輥無光澤加工

　　一般冷軋鋼板的大半，皆爲防止退火工程中線圈的密接，提高製品塗裝的密接性，或抽製加工中爲附加潤滑膜的保持能力等，施以無光澤（梨皮狀加工）加工。若採用放電加工來作此梨皮狀加工則可發揮下述效果。

(1)　較從來的加工方法（珠擊法）大約可延長無光澤軋輥的壽命 3 倍，並可減少預備軋輥的儲備數量，合理化地大幅減低無光澤加工的製造成本。

(2)　可簡單指定加工面粗糙度，以求獲得均一的加工面等，大幅度提高製品的品質，同時亦可期望避免粉塵或噪音的發生，以改善其作業性能。

(3)　不但可容易策劃自動化，由於屬無接觸加工，機械損傷少，無須維護費。

　　如此，可將從來的珠擊法之諸缺點，藉放電加工技術的採用完全獲得改善。

　　圖 2.67 示軋輥無光澤加工用放電加工機的構成。

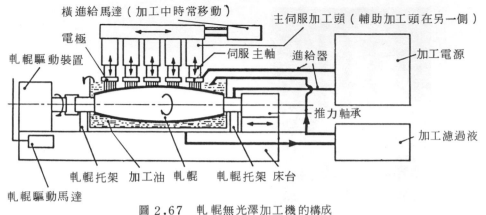

横進給馬達（加工中時常移動）
電極
軋輥驅動裝置
主伺服加工頭（輔助加工頭在另一側）
伺服 主軸 進給器
加工電源
推力軸承
加工濾過液
軋輥托架　加工油　軋輥　軋輥托架　床台
軋輥驅動馬達

圖 2.67　軋輥無光澤加工機的構成

　　將軋輥裝設於加工液中，並使電極與軋輥加工面對峙旋轉軋輥。對峙
的電極與軋輥加工面，以微少間隙作伺服控制，於極間加諸脈衝狀的電壓
進行加工。

　　同時進行電極的橫向進給，使軋輥表面形成連續的放電加工面，最後
完成全面的無光澤加工。

4. 軋輥附節加工

　　將鐵筋混凝土用異形棒鋼軋製成形的軋輥附節加工等作業，從來均用
專用機械進行加工。然而爲了延長軋輥壽命，必須採用較高硬度的軋輥材
料，而且爲了增加鐵筋混凝土的強度而特殊設計的異形棒鋼用軋輥，由於
彫刻又細且複雜的圖案之意欲增高，若採用機械加工多數均會發生困難。

　　且從來均將軋輥的嚙入溝槽藉焊接進行隆肉的工作，皆有剝離及再加
工困難等種種問題產生。

　　軋輥附節加工用放電加工機不但可解決這些問題，且可大幅減低附節
加工的成本。

　　圖 2.68 爲軋輥附節加工用放電加工機。裝置於設有 2 處軸承的架台
上的軋輥，藉分度裝置予以分度回轉，使用鍛造成形的電極與其互爲對向
進行放電加工。

　　圖 2.70 示運轉中的軋輥附節加工用放電加工機，而圖 2.69 則示使
用放電加工機加工後的軋輥。

圖2.68　軋輥附節加工用放電加工機

圖2.69　已經加工的軋輥

圖2.70　運轉中的附節加工用放電加工機

第4章
線切割放電加工機
的構造與操作

構　造

　　線切割放電加工機係以極細銅線（通常為 $\phi 0.05 \sim \phi 0.25$ mm ）為電極，加拉力於此銅線的狀態之下，邊使銅線移行，邊使被加工物與電極（即為銅線）之間發生放電現象，藉其放電能（energy）加工被加工物，並由於被加工物與電極（銅線）間的相對運動，形成線鋸方式的加工方法，藉以加工二次元輪廓形狀之工作物。

　　並由於此加工原理與數值控制裝置的結合，得以顯著提高線切割放電加工機的實用性與經濟性。

　　即以數值化的必要情報輸入 NC 帶，替代從來專靠從業人員的眼睛與雙手來操作的加工方法，可輕而易舉地加工所需形狀。

　　然而，從來 NC 帶的製作格外費時費事，若無大型電腦設備供作自動程式設計，則 NC 帶的製作相當麻煩。為了解決此困擾而開發者則為具有 NC 帶自動製作裝置（automatically programmed tools：簡稱 APT ）的 CNC 之出現，由於 NC 帶的製作，祇要遵循某種規則進行，則無論何人均能容易製作，於是加速 CNC 線切割放電加工機的普遍採用。

　　圖 2.71 示 CNC 線切割放電加工機的系統構成圖之代表例。如圖所

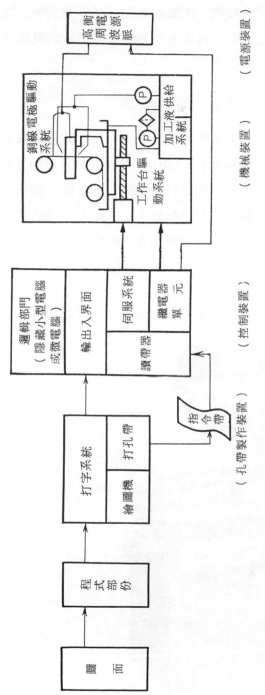

圖 2.71　線切割放電加工機的系統構成

示，線切割放電加工機可分類爲：(1)機械裝置，(2)控制裝置，(3)電源裝置，(4)NC帶製作裝置，而各個裝置各有如下述之主要功能與構造。機械裝置及控制裝置的一般規格示於卷末。

1. 機械裝置

圖2.72示線切割放電加工機機械裝置的一例。其主要機能可大別爲：(1)工作台驅動系統（通常稱爲XY table，不但可裝置被加工物，同時亦給與電極相對運動的部分），(2)銅線驅動系統（不但賦予電極所需之拉力，同時以規定之速度促使銅線移行之部分），(3)加工液供給系統（不但供給加工液於兩極之間，同時也備有過濾裝置之部分，(4)其他構成部分等四大部分。

1. 工作台驅動系統

用於NC線切割放電加工機工作台驅動之控制系統與一般的NC工作

圖2.72　機械本體

機械同樣，有如圖2.73所示的閉環（closed loop）方式，如圖2.74所示的半閉環（semi-closed loop）方式，與如圖2.75所示的開環（open loop）方式等控制系統。

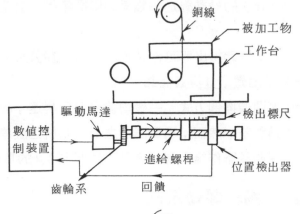

圖2.73
直接檢出方式（閉環方式）
直接檢出工作台的位置並經回饋系統，與指令值互作比較，經常維持兩者之值互為一致

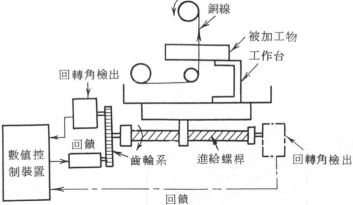

圖2.74
間接檢出方式（半閉環方式）
檢出驅動系統的回轉角等之中間量，間接檢出工作台的位置，使與指令值互為一致

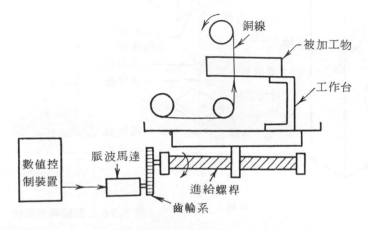

圖2.75
開環方式
係不具備回饋系統之方式，僅藉發給驅動部的指令定位的方式

　　這些控制方式的特長爲：開環控制方式雖然非常簡便且價廉，但就其精度而言，除驅動馬達的囘轉誤差之外，不但馬達前的系統之誤差直接影響精度，且進給螺桿與螺母之間的螺距（pitch）誤差，齒隙（backlash），由於脈波馬達（pulse motor）的發熱對進給螺桿的影響等等，誤差遠較閉環控制方式爲多。

　　另一方面，閉環控制方式，雖藉檢出器可作位置的檢出至微公尺（micron）之值，但技術上極爲困難，且價錢高昂。

　　於是將其簡易化者則爲半閉環控制方式。一般均使用DC馬達，故受發熱的影響少，無馬達的囘轉誤差。然而，驅動馬達之前的系統之誤差會直接影響精度，最近採用雷射測長器作螺距補正後已可控制到 1μ 的單位。

2. 銅線驅動系統

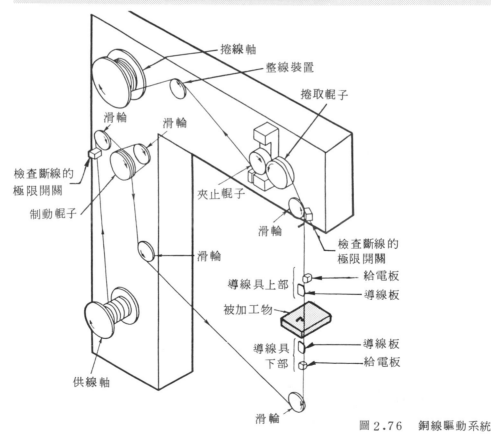

圖 2.76　銅線驅動系統

在線切割放電加工機來說，要如何把相當於一般工作機械的刀具之銅線均勻對向被加工物移行是一個大的問題。若無銅線的均勻移行，不但不能得到安定的放電加工，且亦會招惹加工精度的劣化。

圖2.76示銅線驅動系統的一例，自銅線供給線軸（通常繞有1～3kg之銅線）引出的銅線，由銅線捲取輥子與夾止輥子挾持，藉捲取輥子的回轉使銅線移行。

而且必須使銅線在一定拉力的狀態下移行，在銅線經由之路線附加機械式或電磁式的制動輥子（brake roller），加一定的拉力給銅線。

又由於銅線與被加工物之間的放電，銅線會反覆發生複雜的振動，為了維持加工精度，必須針對被加工物保持銅線於一定的位置，於是通常均在被加工物之上下設有銷狀的導件，V槽狀的導件或螺模狀導件以便保持銅線。

此導件應具備的功能為銅線的拘束條件對加工方向不應發生變化，為了提高形狀加工精度尚有充分加以考慮之處。

3.　加工液供給系統

線切割放電加工機的加工液，與放電加工機同樣，雖然曾使用過燈油

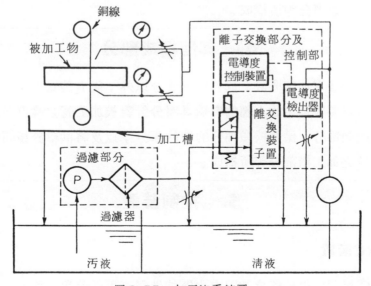

圖2.77　加工液系統圖

圖 2.78 加工液供給裝置

，但是現在一般均使用經過離子交換樹脂等保持適當導電度的水。圖2.77
示其一例之系統圖，而圖 2.78 則示加工液供給裝置。

如圖 2.77 所示，由污濁液除去淤渣等之過濾部分，維持加工液於一
定導電度之離子交換部分與其控制部分，供給加工液於極間（銅線與被加
工物之間）之部分等所構成。

4. 其他構成部分

線切割放電加工機除上述各構成部分以外，尚有裝置工作台之機座部
分，設有可將被加工物上部的導線具部分針對被加工物之高度予以調整的
機構之機頭部分，保持機頭部分的機柱部分，以及將供給於極間的加工液
予以回收之加工槽部分等所構成。

5. 控制裝置

1 NC裝置

NC 裝置由於機能會被固定化僅能供爲專用性使用，而 CNC 方式則

若欲變更機能時，可不必變更硬體之構成，祇作軟體的規格變更則可達到目的，故擴大機能也較爲容易。

　　例如銅線直徑的補正，經路逆行機能，應切斷輪廓形狀之擴大與縮小機能等，雖均爲線切割放電加工機最低限度應具備的機能，欲使其成爲固線（hard-wired）NC方式，則必須附加能滿足其機能的電氣廻路。

　　但在CNC方式來說，僅以軟體則可處理，不但在成本績效比較有利，同時對今後的技術進步也可以軟體充分來應付。相信此後定會以CNC方式的線切割放電加工機爲主流而拓展。

　　CNC控制裝置（圖2.79爲其一例）的一般構成爲；具有內藏小型電腦（或微電腦）的邏輯部分，而對邏輯部分的輸入情報，則有來自控制裝置盤面的鍵盤之手動數據輸入（MDI；manual data input），以及來自讀帶器部分的指令帶輸入等，藉這些情報的輸入，可自動進行工作台的進給控制及機械與電源的操作（銅線的進給，加工液的供給與停止，電源的開・關）。

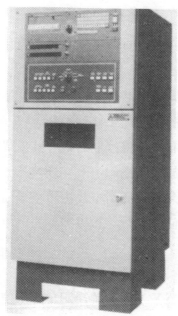

圖 2.79　CNC 控制裝置

② 電源裝置

　　線切割放電加工機以邊捲取銅線進行加工，並在使用後將其捨棄不再

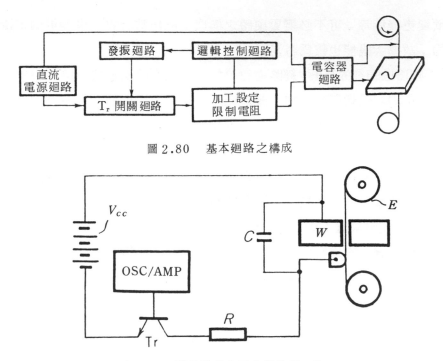

圖 2.80 基本廻路之構成

圖 2.81 電晶體結合電容器放電廻路

使用爲前提，故儘可能採用加工面良好，且加工速度快速的加工條件，而不去考慮電極的消耗爲原則。

因此，通常均採用藉電晶體作開關控制的電容器放電，並以能得放電脈波電流的尖峰値高，而脈衝寬度狹窄的加工條件爲佳。

圖 2.80 及圖 2.81 爲一般附有電晶體控制的電容器放電基本廻路之構成與其廻路圖，電極爲⊖，而被加工物爲⊕。

又若移轉爲電弧放電時因易導致銅線切斷，故應防止電弧於未然，或依其前驅現象採取變更進給速度或使其逆行等機械控制的機能。

③ 孔帶製作裝置

NC 裝置通常把圖形形狀變換爲ＸＹ座標値後記錄於紙帶等，並將這些座標値依次當指令値讀入，藉以運轉加工裝置。所以ＮＣ孔帶通常皆根據圖面將其分割爲線段與圓弧的各個語組（block），再就其各個語組的始點，終點，中心點等之交點，接點等座標値予以記錄。

　　然而，被加工物的形狀若稍爲複雜，要以手工計算求其當作指令值的座標值並不太容易，尤其是線切割放電加工機，要將既精細形狀又複雜的被加工物之ＮＣ孔帶，製作得正確無誤非常困難。

　　ＡＰＴ（automatically programmed tools）則爲解決這些ＮＣ裝置的缺點，尤其是沒有數學知識的人，也可簡單製作ＮＣ孔帶。有關ＡＰＴ的說明容後詳述。圖2.82爲孔帶自動製作裝置的外觀。

　　圖2.82　　孔帶製作裝置（含ＸＹ繪圖機，紙帶打孔機）
　　　　　　　藉ＡＰＴ可以不必作複雜的計算，祇由按鍵輸入
　　　　　　　則可簡單製作ＮＣ孔帶

怎樣作NC控制

　　伺服系統以 NC 工作機械的驅動方式，雖然採用油壓馬達驅動與電動馬達驅動 2 種，但線切割放電加工機，因驅動扭矩（ torque ）的需要並沒有那麼迫切，均以電動馬達驅動方式為主。

　　至於其控制方式已如前述，高精度的加工機以半閉環（ semi closed

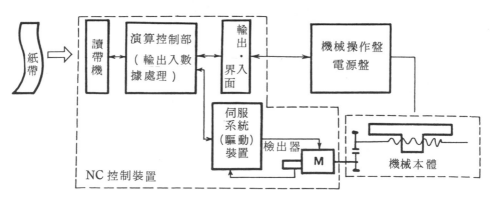

　　NC 裝置形成如上圖所示之構成。可區分為⑴解析輸入情報，執行演算控制的演算控制部分與⑵控制機械運轉的伺服系統

圖 2.83　　NC 控制裝置方塊圖

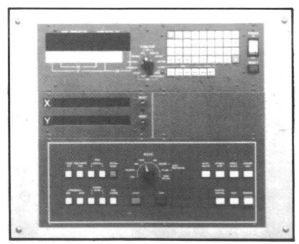

以內藏小型電腦、微電腦的 NC 裝置為主流
藉按鍵輸入可簡單作 NC 設定

圖 2.84　　NC 裝置設定表示盤

loop）方式，而簡易型的加工機則以開環（open loop）方式為主。

演算控制從來係以配線廻路的硬體組成（hard wired NC），但由於 IC化，MSI化，LSI化等藉以提昇功能，降低成本。而且，為了計算，判斷，以及大容量數據的處理等，借重電腦的處理方式已成為不可缺的趨勢。

於是應用小型電腦或微處理機（micro processor）作軟體處理的 CNC已逐漸成為今日的主流。圖2.84為設定表示盤之一例。

1. CNC的特長

1. 降低成本

一般來說CNC要比固線式（hard-wired）NC有價格較高的傾向，但由於CPU，記憶元件等的價格降低，現在已與固線式NC的價格大致相同。

2. 硬體的單純化

形成CNC中心之處理機（processor）與其周邊廻路係由共通滙流排（bus）構造結合，周邊裝置的追加可藉與共通滙流排互相結合，故設計容易，且就以軟體實現的機能而言祇要追加記憶即可。

3. 提高信賴性

除伺服系統以外之大部分均被軟體化，元件減少，且由於實行單純化，MTBF（平均無故障時間）提高，至於機械的運轉比率也不會因故障而降低。

4. 高度的動作機能與小型化的兼備

5. 高度的控制機能（自我診斷，記憶週期，記憶式節距誤差補正）之實現。

6. 柔軟性，通融性

機能的大半已被軟體化，硬體單純化，對於未來的機能擴充易於應付，如遇有機能改善等時，祇要更換軟體（控制程式）則可一躍變成最新機種。

2. 規 格

線切割放電加工機控制裝置之規格可大別爲基本規格與附加規格。

1. 基本規格

　　爲操作線切割放電加工機所必須的機能，與若有其機能即很有效果者爲基本規格予以構成。在此則就其中的基本控制機能述其一例。

(1) 機器閉鎖（machine lock）：機械本體閉鎖不動，僅控制裝置會發生動作。

(2) 語組刪除（block delete）：將NC孔帶指定之某一段（通常在此段之前有"／"記號）跳過去。

(3) 參考語組（reference block）：可將資料輸入NC孔帶之中作爲operator用。控制裝置可以忽視。

(4) 單一語組（single block）：機械僅動作單一語組。

(5) 斷線處理；當銅線電極斷線時，機械即停止。

(6) 進給停止1秒；當讀入NC孔帶時，遇有NC孔帶折損或斷裂等原因，致使1秒以上無法讀取時機械即停止。

(7) 短路30秒：當電極與被加工物發生短路，而短路狀態持續30秒以上時，機械即停止。

(8) 圓弧指令核對；在圓弧指令的資料中，終點若離圓周容許量以上時，機械即停止。

(9) 自我檢驗機能；當程式錯誤等機械停止，導致無法再起動時，可將其原因以及內容，藉數字編碼（如表2.12所示）表示於NC設定表示盤。則電腦本身可將其錯誤原因等自我檢出後告知操作者。

(10) 界面核對；控制裝置，機械等之輸出、入信號有無正常動作，可藉設定操作盤（如表2.13所示）予以核對。由此，操作者可據以檢查機械停止不動之故障原因，縮短囘復運轉之時間。

表2.12　自我檢驗機能警報編碼表

NO	內　　　　　　　　　　　　　　　　　　　　　　　　容
1	操作狀態尚未就緒
4	手動速度設定尚未完成
6	尚未設定 MDI 資料中之資料而起動 MDI
7	單一段中的字元（character）數或位址（address）數超過
10	F 指令爲零或尚未賦給
11	圓弧指令之半徑爲零
13	記憶週（Memory cycle）叫出 G 22 指令中無 H 指令
15	錯把 H 號碼輸入程式
16	於記憶週指令中無指定的順序號碼
20	指令值超越最大指令值
22	書寫記憶週時，資料數量超過記憶週區之容量
23	記憶載入時，資料數量超過記憶資料區之容量
30	使用不正確的 G 指令
31	使用不正確的位址
34	「 0 」或「 / 」編碼在段之途中
39	在圓弧指令，終點離開圓周容許值以上
61	當實行記憶運轉時，欲實行記憶大小範圍以上的資料
62	當實行記憶運轉時，欲實行 EOR 以後的段（Block）
63	當實行記憶運轉時，記憶體無資料
70	欲以 G 41/42 模組實行 MDI，或以 MDI 指令 G 40/41/42
71	G 41/42 指令之後未給予新向量的移動指令
99	電池異常警報

表 2.13　界面核對確認表

H 1	H 2	H 3	H 4
A　加 工 準 備	端 面 定 位	原 點 復 原	Stop SW
B　加 工 　 切	Tape Mode	E D I T	Single Block
C　加 工 　 入	M. D. I	Memory	停 電 復 原
D　中 心 定 位	J φ G Mode	Start SW	Stroke End

H 5	H 6	H 7	H 8
—	—	最適當進給 SW	系 統 選 擇
手 動 高 速	—	Step X 1	軸 選 擇
手 動 中 速	圖 形 核 對	Step X 10	Battery Alarm
電阻係數控制	機 械 閉 鎖	—	斷 線

H 9	H 10	H 11	H 12
—	加工 interlock	Servo Alarm	
孔 帶 回 轉 中	—	全 停 止	
Block Delete	—	—	
Reset	optional 停止	—	

H 13	H 14	H 15	H 16
加 工 液 切			
加 工 液 入			
銅 線 進 給 切			
銅 線 進 給 入			

H 17	H 18	H 19	H 20
—	Key data 4	Key C	F code 1
Key data 1	Key data 5	Key CE	F code 2
Key data 2	Key data 6	Key D	F code 3
Key data 3	Data 有意	Key EB	F code 4

H 21	H 22	H 23	H 24
J O G X ⊕	原 點 檢 出		Stroke End ⊖
J O G X ⊖	—		—
—			Stroke End ⊕
近點檢出 X 軸	—		—

H 25	H 26	H 27	H 28
J O G Y ⊕	原 點 檢 出		Stroke End ⊖
J O G Y ⊖	—		—
—			Stroke End ⊕
近點檢出 Y 軸	—		—

2. 附加規格

為使線切割放電加工機的運轉更能發揮其效果，若有下述各種附加機能則甚為方便。以下為其代表例。

(1)　自動定位機能；可將銅線穿通於起始原孔（initial hole）後，自動對準線孔的中心予以設定。且亦可自動設定於被加工物的端面。

(2)　加工條件自動更換機能；隨著被加工物的板厚之不同，且於偶角部分，可將加工條件（電氣條件）自動變更為被加工物最適當加工狀態之加工條件，藉以提高加工精度及加工速度。（參照192頁）

(3)　記憶週（memory cycle）；事先將某圖形記憶於 NC 控制裝置的記憶體，可藉 NC 孔帶叫出加工記憶之圖形。用於同一加工中有數處同一圖形之加工時非常方便。

(4)　記憶運轉；事先將 NC 孔帶情報記憶於記憶體中，每於加工時將其叫出實行加工，可防止孔帶在加工中之破損，或由於污損所引起的誤讀。

(5)　記憶維持及停電復原；對於需要連續長時間運轉的線切割放電加工機來講，停電是最畏忌的一件事。

萬一發生停電等事故時亦由於內藏有電池，可將加工軌跡，程式等記憶資料長時間（約100小時）維持停電前的狀態。且停電後再起動加工時，亦無需再輸入資料等繁雜的操作，祇要按下停電復原的開關，則可繼續作停電前狀態之加工。

除此之外，尚可附加" 圖形回轉 "" 孔帶編輯 "" 軸交換 "等機能，而且今後相信也會再陸續地附加新的其他機能。

怎樣製作ＮＣ帶

NC 控制裝置的運轉必須要有 NC 帶。製作 NC 帶的方法可大別為

(1) 藉人手計算的人工製作方法。

(2) 藉小型電腦，微電腦的簡易 APT 製作方法。

(3) 藉大型電腦的APT，EXAPT製作方法等。

最近由於價格較低，回轉時間（turnaround time）較快，則自委託電腦製作 NC 帶至完成所需時間較快，以及隨時隨地都可以製作等優點，應用小型電腦（mini computer），微電腦（microcomputer）的簡易APT頗受用者歡迎。

此簡易APT例如有三菱電機公司的「MEDI‐APT」，FANUC的「FAPT」，沖電氣公司的「MINI‐APT」，TAM的「TAM system 2000」，新日本工機公司的「S‐APT」等種種系統，而各系統皆具有各系統的特長。

應選擇適合加工對象的系統。

1. 何謂ＮＣ帶之格式

當要將控制情報輸入ＮＣ帶上時，所規定的樣式稱為帶之格式(tape-format)。現今大部分均採用語址指令格式（word address format)。

所謂語址指令格式則以字語（以某種順序並排的文字集合）為單位，處理其情報，指令ＮＣ機械作某種特定動作者。

字語由1個英文字母與其後列幾位數字所構成。其開頭的英文字母稱為位址（address），以區別其後列數值情報所代表的意義。

位址有如表2·14所示，這些字語（word）集合幾個構成一個語組（block）。ＮＣ控制裝置則將依次讀入此每1語組予以處理。

表 2.14 語組（Word address）

位址名稱	位址	最大位數	單　位	最　大　值	備　　考
順序號碼	N	3	整　數	999	4 位數以上的指令可忽視上位數
準備機能	G	2	〞	備考	特定數值以外屬程式誤差，3 位數以上的上位數可忽視
座標	X	7	0.001 mm 0.0001 in	±9999999	G04（定位）時，單位 0.001 秒 MAX 99999
〞	Y	7	〞	〞	
〞	I	7	〞	〞	
〞	J	7	〞	〞	
進給速度	F	5	0.001 mm/分 0.0001 in/分	99999	99999 以上程式誤差
輔助機能	M	2	整　數	備考	3 位數以上的上位數可忽視
標度放大率	S	5	0.001（倍）	99999	99999 以上程式誤差
輔助輸入機能	H	2 3	整　數	10 999	上段經補正 NO，下段記憶週順序 NO
加工條件	E	5	〞	備考	$E\ l_1\tau_1\tau_1$，1,1~4τ_1,1~9τ,1~7
座標語（角度）	A	5	0°00'00" 度分秒	±5°00'00"	5°00'00" 以上之指令均屬程式誤差
記憶週機能	P	2	整　數	99	99 以上之指令均屬程式誤差
座標語（角度）	K	6	0.001 度	±180000	

2. 應用小型電腦的簡易APT

　　如前述，應用小型電腦（或微電腦）的簡易 APT 有各種方式，其特長爲使用簡單記號，不假藉人手的計算，則可容易製作 NC 帶。今以「MEDI‐APT」爲例簡單予以說明。

1. 何謂自動程式的輸入／輸出處理

　　圖 2.85 示輸出入處理之流程圖。輸入型式有 2 種，藉鍵盤之對話方式輸入與藉紙帶之自動輸入，且控制指令的種類與內容如圖中所示，具有七種處理機能。其中，圖形定義（DEF），銅線路徑定義（MTN）之處理以及作圖處理（PLT）占其大部分。

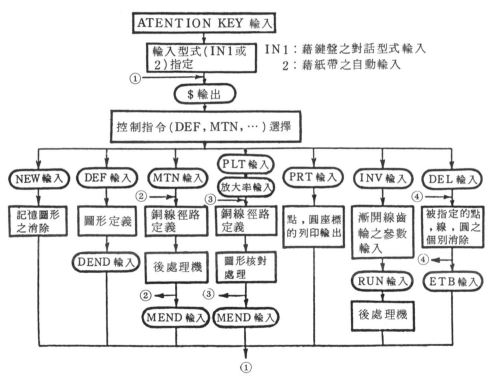

圖 2.85　自動程式的輸出入處理流程圖

2. 何謂圖形定義（DEF）

　　所謂圖形定義者，即如圖 2.86 所示，將製品圖面上所賦予的尺寸等情報，依表 2.15(a) 所示之規定樣式的文形式予以輸入。被採用於定義文

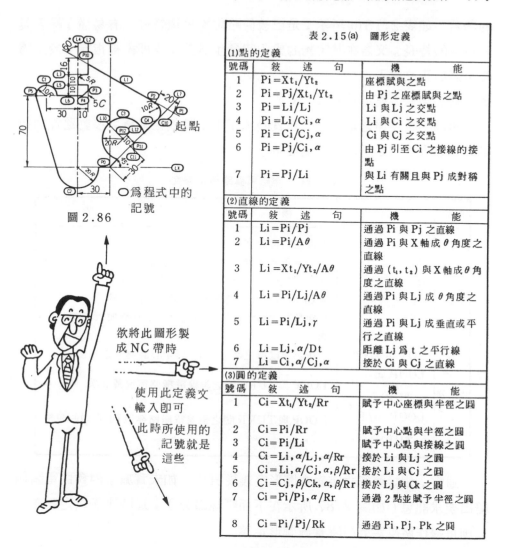

圖 2.86

○為程式中的記號

欲將此圖形製成 NC 帶時

使用此定義文輸入即可

此時所使用的記號就是這些

表 2.15(a)　圖形定義

號碼	敍　　述　　句	機　　　能
(1)點的定義		
1	Pi＝Xt₁/Yt₂	座標賦與之點
2	Pi＝Pj/Xt₁/Yt₂	由 Pj 之座標賦與之點
3	Pi＝Li/Lj	Li 與 Lj 之交點
4	Pi＝Li/Ci,α	Li 與 Ci 之交點
5	Pi＝Ci/Cj,α	Ci 與 Cj 之交點
6	Pi＝Pj/Ci,α	由 Pj 引至 Ci 之接線的接點
7	Pi＝Pj/Li	與 Li 有關且與 Pj 成對稱之點
(2)直線的定義		
號碼	敍　　述　　句	機　　　能
1	Li＝Pi/Pj	通過 Pi 與 Pj 之直線
2	Li＝Pi/Aθ	通過 Pi 與 X 軸成 θ 角度之直線
3	Li＝Xt₁/Yt₂/Aθ	通過 (t₁, t₂) 與 X 軸成 θ 角度之直線
4	Li＝Pi/Lj/Aθ	通過 Pi 與 Lj 成 θ 角度之直線
5	Li＝Pi/Lj,γ	通過 Pi 與 Lj 成垂直或平行之直線
6	Li＝Lj,α/Dt	距離 Lj 為 t 之平行線
7	Li＝Ci,α/Cj,α	接於 Ci 與 Cj 之直線
(3)圓的定義		
號碼	敍　　述　　句	機　　　能
1	Ci＝Xt₁/Yt₂/Rr	賦予中心座標與半徑之圓
2	Ci＝Pi/Rr	賦予中心點與半徑之圓
3	Ci＝Pi/Li	賦予中心點與接線之圓
4	Ci＝Li,α/Lj,α/Rr	接於 Li 與 Lj 之圓
5	Ci＝Li,α/Cj,α,β/Rr	接於 Li 與 Cj 之圓
6	Ci＝Cj,β/Ck,α,β/Rr	接於 Lj 與 Ck 之圓
7	Ci＝Pi/Pj,α/Rr	通過 2 點並賦予半徑之圓
8	Ci＝Pi/Pj/Rk	通過 Pi, Pj, Pk 之圓

表 2.15(b)　使用語言與其意義

項　　　　目	使　用　語　言	一　般　用　語
點	P	POINT
直　　　線	L	LINE
圓	C	CIRCLE
右　　側	R（或 RG）	RIGHT
左　　側	L（或 LF）	LEFT
上　　側	U（或 UP）	UP
下　　側	D（或 DN）	DOWN
順時針方向	CW	CLOCKWISE
反時針方向	CC	COUNTER-CLOCKWISE
距　　離	CD	DISTANCE

的語言，如表2.15(b)所示，是已被簡略化的象徵語言，有易懂，輸入誤差也少的特長。又若在其定義的輸入時發生誤差，立即會被指摘，於是隨時可將訂正文輸入。

3.　何謂銅線路徑定義（MTN）

所謂銅線路徑之定義係指在實際加工中，將銅線電極之移動路徑加以定義。如表2.16所示，極為簡單。

表2.16　銅線電極路徑定義文

號碼	敍　述　句	機　　　　　　　　能
1	Pi	由現在的位置移動至 Pi
2	Pi/〔r〕	以半徑為 r 旋轉以 Pi 為頂點之圓角
3	Li〔　,α〕	沿 Li 前進。α 為變換為 Li 時之位置選擇
4	Ci,δ〔　,α〕	沿 Ci 前進。α 為變換為 Ci 時之位置選擇
5	R〔r〕	在前書寫之圖形與後書寫之圖形中圓滑加入半徑 r 之圓
6	ROT Aθ/Pi	以後銅線電極之路徑以 Pi 為中心旋轉 θ 之角度
7	LOOP　n 〜 　TURN	LOOP 與 TURN 間之銅線電極路徑重覆 n 次
8	LOOP　n/Pi 〜 　TURN	LOOP 與 TURN 間之銅線電極路徑以 Pi 為中心重覆 n 次

通常，銅線路徑之定義在圖形定義後實施，如未實施，因會由電腦側輸出要求訊息（如圖2.87所示在下面劃線部分），這時才予以定義亦可。則可邊作路徑定義同時實施圖形定義。

4.　何謂繪圖器作圖（PLT）

因可由讀帶機（tape reader）輸入銅線電極路徑定義文，使繪圖機描繪圖形，故可注視圖形核對輸入情報有無誤差。

5.　其他

除上述以外，尚有印刷點，圓等座標以及半徑之印刷處理（PRT），圖形定義消除處理（DEL）等。且另有可藉簡單輸入方式製作漸開線齒輪用 NC 帶的專用程式（INV）。

圖2.88表示INV的製作例。

```
                    * MTN
                        MINIMUN   R   ?   0.5
                        START POINT  ?  P1
                        OFF SET R OR L ? R
                                    N001M80
                                    N002M82
                                    N003M84
                                    N004G90
                                    N005G25X62255Y52737
                    * P2
                                    N006G42X44934Y62737
                    * L1
                    * L2
                                    N007G1X-20000Y100226
                    * L4

                        NOT CROSS ERROR
                    * L3
                                    N008G1X-20000Y90000
                    * R5
                    * L4
                    * L5
                                    N009G1X-25000Y90000
                                    N010G3X-30000Y85000I0J-5000
                                    N011G1X-30000Y80000
                    * L2
                                    N012G1X-20000Y80000
                    * P3

                        PC03=X-20/Y75
                                    N013G1X-20000Y75000
                    * P4

                        P004=X25/Y70
                                    N014G1X25000Y70000
                    * L6
                    * C1

                        CC.CW  ?   CC

                        RG.LF.DN.UP  ?  RG
                                    N015G1X-50000Y70000
                    * P5

                        P005=L6/C1
                        P005     SEL.WORD OF FIG. ? L
                                    N016G3X-70000Y70000I-10000J0
                    * C2,CC
                                    N017G1X-49284Y-5305
                    * LX

                        RG.LF.DN.UP  ?  RG
                                    N018G3X-10000Y0119284J5305
                    * L7
                                    N019G1X0Y0
                    * C3,CW,LF

                        C003=P12/R20
                        P012=L10/L12
                        L010=P11/A-45
                        P011=L7/C11.UP
                        C011=P0/R30
                        L012=L7.UP/D10
                                    N020G1X8966Y8966
                    * L7,RG
                                    N021G2X33461Y3346115176J19319
                    * C4,CC
                    * P2
                                    N022G1X47005Y47005
                    * END
                                    N023G3X44934Y627371-7071J7071
                                    N024M02
                                    N025%

                    CUTTING LENGTH=5693X0.1MM
                    *MEND
```

例如：

在此圖中自＊記號下起第53行之 C3 未經實施圖形定義，如在 銅線電極路徑定義 C3 被使用 時，由電腦側會發出要求訊息 申請其有關之圖形定義，此時 依其指示予以定義則可。

圖 2.87 依據圖 2.86 之銅線電極路徑定義

```
@    IN 1
$    NEW
$    INV
MODULE = 1.25
Z      = 14
P : ANGL = 20
CO : X = 0.373
TIP : R = 0.2
ROOT : R = 0.1
OUT : D = 20.930
IN : D = 15.215
CHOGK =
HOSEI = 1 ←由切口(IN)側之意思(模用)，當打 1 後不要按下ＥＴＢ稍後
$    RUN              則出現 $ 符號
N 001 M 80
N 002 M 82
N 003 M 84   └─ 由此完成ＮＣ帶之製作
N 004 G 90
N 005 G 25 X 0 Y 0
N 006 G 42 X − 1208 Y 7511
N 007 G 3 X − 1125 Y 7624 I − 16 J 99
N 008 G 1 X − 1200 Y 8134
N 009 G 2 X − 1195 Y 838712108 J 86
              ↓
```

以下繼續打至ＮＣ帶終了

使用諸元

模　　　　數	1.25
齒　　　　數	14
壓　力　角	20
轉 位 係 數	0.373
齒頂圓直徑	20.930
齒根圓直徑	15.215
齒 頂 角 R	0.2
齒 根 角 R	0.1
頂　　　　隙	－

圖 2.88 漸開線齒輪程式製作例

　　相信今後會逐漸開發更高性能的ＡＰＴ，操作更爲容易的ＡＰＴ，促使簡易 ＡＰＴ 的使用領域更爲廣泛。

線切割放電加工機的維護與安全管理

1. 維護與消耗品

線切割放電加工機的一般維護項目如下：

1. 維護

(1) 與一般工作母機同樣，應作滑動部分及回轉部分的定期潤滑。

(2) 檢查齒輪箱的油量及油的污濁程度。

(3) 檢查滑動部分有無鬆動。

(4) 檢查導線輥（wire guide roller）有無鬆動。

(5) 檢查工作物上下部的導線具（wire quide）之磨損，以及有無瑕疵。

(6) 檢查銅線給電部的磨耗，以及有無瑕疵。

(7) 檢查加工液之液量。

(8) 檢查過濾能力有無降低。

(9) 檢查純水器的能力。

(10) 檢查空氣過濾器有無阻塞。

(11) 檢查讀帶機（清除塵埃等）。

尤其銅線導引系統各部分的鬆動與磨損乃為直接影響加工精度之要因，必須加強日常之檢查善加維護。

2. 消耗品

與一般工作機械不同之點為線切割放電加工機的銅線電極用過1次後則棄而不再使用。此外，如銅線導引系統的工作物上下部之導線具（通常以藍寶石等耐磨耗材料製作），給電部（通常為超硬合金鋼）等之滑動接觸部分，以及加工液系統中的過濾器離子交換樹脂等為主要消耗品，必須定期更換才能維持加工精度。

2. 安裝環境

　　線切割放電加工機經過 CNC 化了後，不但業者的需求量增加，且高精度加工的要求趨勢也愈來愈强。於是隨着高精度化的要求，必須較從來的工作機械之概念更進一步，以精密測定機器爲準據的概念來處理。

　　唯有暗藏小型電腦（或微電腦）的控制裝置，附有 APT 的 NC 帶製作裝置，高精度化的機械裝置等，再加上完善的安裝環境，始能眞正發揮各個系統所具備的優異性能。

1. 基礎

　　線切割放電加工機是有效且容易地可從事於高精度的複雜狹窄之輪廓加工，故最忌避有絲毫之振動。

　　下列爲防止振動的各種方法。

　(1)　將系統全部遠離振動源。

　(2)　在系統周圍挖溝，避免來自地表面的高周波數之振動。

　(3)　加大基礎塊。

　(4)　應用防震橡墊等。

2. 溫度・防塵・濕度

　　溫度上昇 1 度則每 1 公尺鋼材會脹長 $11 \cdot 5 \mu m$ 。線切割放電加工機工作台的進給螺桿，支持工作物上下部的銅線導件部之構造物等，通常皆由鋼材製作而成。

　　當加工進行中室溫發生變化時，若構造部分皆能作均一的溫度分布與均勻的伸縮即可，否則（實際上）機械本體若發生溫度差，機械導致變形會直接影響加工精度之降低。

　　因此，必須維持機械裝置於恆溫常態。當然不僅室溫的變化，連工作台驅動馬達的發熱亦會大大影響加工精度，故應避免使用發熱多的脈波馬達，而改用直流馬達驅動以圖降低發熱，或改善驅動馬達與進給螺桿之間的熱絕緣等皆成爲邁向高精度化不可缺的必要條件。且由於 CNC 化，隨着構成要素的複雜，亦應充分注意周圍的防塵，防濕均爲避免機械發生動作錯誤的必須條件。

3.　安全管理

　　與彫模放電加工機比較，線切割放電加工機係使用水為加工液，無發生火災的危險雖極為安全，但因係通電加工（外加電壓max 300 V左右），故加工中切勿觸摸銅線，以免發生意外。

第5章

線切割放電加工機

的加工特性

怎樣提高加工速度

1. 加工速度的考量

　　線切割放電加工係屬溝槽寬度的加工，故其加工速度以單位時間內的加工斷面積來表示。

則　　　加工速度（mm^2/min）＝加工進給速度（mm/min）×

被加工物之厚度（mm）

　　（參看44頁表1.3）

1 板厚與加工速度

　　線切割放電加工雖使用電晶體控制方式電容器放電廻路，但其加工速度與一般放電加工同樣，大致與流於極間之加工電流成比例。則充電尖峰電流 I_p 愈大，休止時間 τ_r 愈短加工速度愈快。

　　且被加工物的厚度愈厚，進行方向之加工面積愈大，面積效果有效發揮作用，面積加工速度也隨之提升。

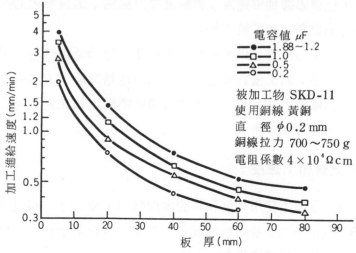

圖 2.89　板厚愈大面積加工速度愈提高

又加工速度之上限係由電容值來決定，一般以電容值較大時，可加快加工速度。但電容值大時，表面粗糙度會較粗。

圖 2.89 表示以電容值為參數之加工進給速度與被加工物板厚間的關係。

2 銅線拉力與加工速度

由於線切割放電加工使用殆無剛性的銅線為電極，銅線拉力（ wire

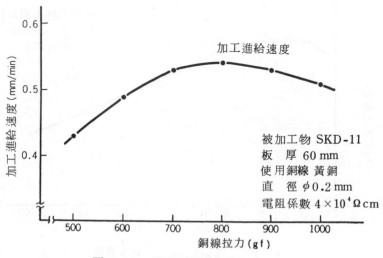

圖 2.90　選用適當的銅線拉力

tension）也會影響加工速度。則銅線拉力愈弱，銅線振動的振幅愈大，發生短路的機會多，加工較不安定。

若增強銅線的拉力，則可提高加工速度。此乃是銅線拉力增加，銅線振動的振幅減小，加工槽寬變爲狹窄，相對地增加前進方向的加工。

然而，銅線拉力若太強，反而會易導致斷線。加工進給速度與銅線拉力之關係有如圖 2.90 所示。

3　加工液與加工速度

線切割放電加工使用純度極高的水作爲加工液。水的純度爲電阻係數 $10^4 \sim 10^6 \Omega$ cm左右，故陽極的被加工物多少會被電解作用所侵蝕，而電阻係數愈低，其侵蝕量愈增加。

且電阻係數低時，放電間隙加寬，加工會較爲安定。則電阻係數愈低，加工速度有愈加快的趨勢。

但是電阻係數若過低，反而也會有加工速度減少之傾向，故以 $3 \sim 4 \times 10^4 \Omega$ cm 之程度爲適當。加工進給速度與加工液之電阻係數間的關係有如圖 2.91 所示。

最近，由於加工速度的提高，一般有如圖 2.92 所示之程度。

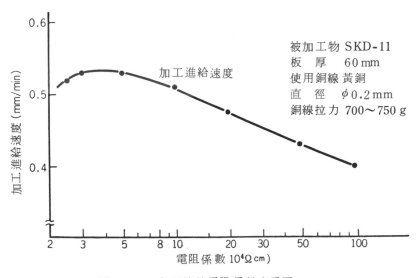

圖 2.91　加工液的電阻係數亦重要

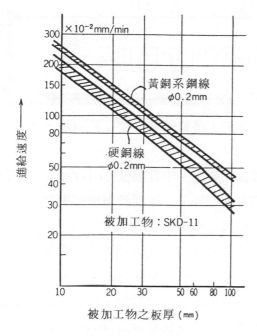

圖 2.92　加工速度的進步
最近加工速度已有提高。如圖示，黃銅系銅線較硬銅線之加工速度快其原因爲加工的安定性以及抗拉強度之不同，

　　則由於使用黃銅系的銅線，以銅線直徑爲 $\phi 0.2$ mm 的電極，欲加工板厚爲 80mm 的特殊工具鋼（SKD-11）時，可得 40 mm²/min 以上的加工速度。

　　如圖所示，使用黃銅線比銅線其加工速度顯有提高，其原因大致如下：

(1)　黃銅本來用在初期的放電加工已很明瞭，放電的短路少，加工趨於安定，在小面積的加工時，會提升加工速度。

(2)　在加工硬化的狀態下，黃銅線的抗拉強度約爲 80 kg/mm²，而硬銅線則爲 40 kg/mm² 程度，可知黃銅線可提高拉力，以求更高的加工速度與加工精度。

怎樣提高加工精度

　　線切割放電加工的加工精度，有加工槽寬的均一性，眞直度‧形狀精度之良否等。

　　其中，就以加工槽寬而言，常以此值之一半爲偏位（offset）值，針對圖面形狀內、外側之任一方向偏離進行加工，以期獲得所需要之尺寸，於是加工槽寬的不均勻皆會成爲最終尺寸精度之不均勻。

　　其次，由於眞直度深受鼓形狀（此爲線切割放電加工的特有現象）的影響，被加工物加工面的中央部凹入，以最終尺寸精度而言，與加工面的上、下部互作比較時，中央部的尺寸顯然減小，成爲加工精度降低的原因。

　　至於形狀精度，依加工形狀而言，最會受影響者爲隅角部的加工精度。

　　一般隅角部的形狀之中，其先端愈尖銳，愈會形成大圓弧，其結果，例如冲頭與冲模之嵌合間隙會在隅角部加大，尤其精密下料（fine blank-ing）的精密模具，則成爲必須講求對策的棘手問題。

　　以下就上記的加工精度與會對其發生影響的要因之關係加以詳述。

---

1. 加工槽寬與加工進給速度

　　圖 2.93 示加工槽寬與加工進給速度之關係。在此所謂伺服進給方式，係指採用平均加工電壓一定的控制方式，大幅變更加工電源的電氣條件之狀態來表示。

　　而圖 2.94 則爲等速進給方式，加工進給速度採用 F = 0.7 及 1.2 mm／min 2種，各就其變更加工電源的電氣條件表示。

　　由圖 2.93 可知，採用伺服進給方式時，變更電氣條件大幅改變加工進給速度，加工槽寬的變化以全體而言，也祇不過 8 μm 左右而已。

　　然而，由圖 2.94 可知採用等速進給方式時，無論使用任何一方之 F，對於電氣條件的變化，加工槽寬均有 16～18 μm 程度之改變。可知平

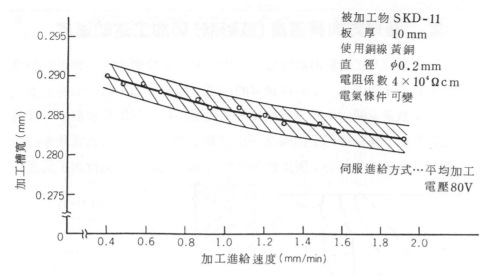

圖 2.93　加工槽寬與加工進給速度之關係（伺服進給）

可知伺服進給方式
較等速進給方式，
其電氣條件，由於
加工進給速度的變
化對加工槽寬的影
響少

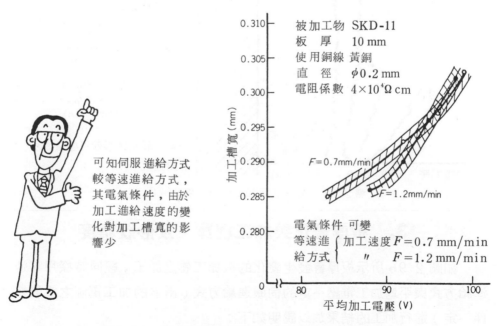

圖 2.94　加工槽寬與平均加工電壓之關係（等速進給）

均電壓的變化對槽寬的變化影響很大。

　　由以上的結果可以說，伺服進給方式較等速進給方式，由於電氣條件，加工進給速度的變化帶給加工槽寬的影響少。

2. 板厚方向眞直度（鼓形狀）與加工進給速度

　　線切割放電加工時鼓形狀的發生原因一般有兩種想法；則起因於銅線的振動方式（１次方式），與在通常的加工，因自被加工物表面的上下噴流加工液，致使極間的中間部分由於放電而離子化，電阻係數變小，其結果發生鼓形狀。無論如何，由圖２.95可知，如能促使加工槽寬狹窄的加工，鼓形狀誤差亦會減小，所以應儘量加大加工進給速度進行加工爲理想。

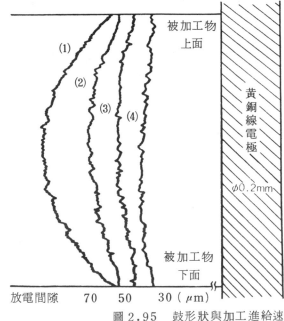

被加工物 SKD-11
板　厚　　60 mm
使用銅線 黃銅
直　徑　　$\phi 0.2$ mm
電阻係數 $4 \times 10^4 \Omega$ cm

加工進給速度 F

(1) $F = 0.29$ mm/min
　（17.4mm²/min）
(2) $F = 0.36$ mm/min
　（21.6mm²/min）
(3) $F = 0.42$ mm/min
　（25.2mm²/min）
(4) $F = 0.55$ mm/min
　（33mm²/min）

爲避免形成鼓形狀可儘量加快進給速度

被加工物上面

黃銅線電極

ϕ0.2mm

被加工物下面

放電間隙　　70　50　30（μm）

圖2.95　鼓形狀與加工進給速度之關係

3. 板厚變化與加工槽寬，及形狀精度

　　如圖２.96所示板厚會發生變化的被加工物之加工，經同時採用等速進給方式與平均加工電壓一定的伺服進給方式（兩者的加工電源之電氣條件一定）進行加工的結果加以說明如下：

　　採用等速進給方式，若配合圖２.96所示４～10mm的板厚變化之電氣條件，當加工２mm的板厚時，會由於放電面積的減少，導致放電集中，引起斷線，所以必須採用適合最弱，最小板厚（2mm）的電氣條件進行加工。

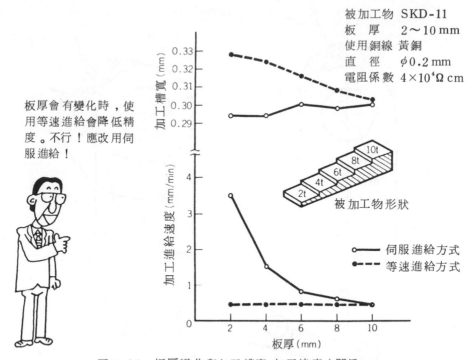

被加工物 SKD-11
板　厚　　2～10 mm
使用銅線 黃銅
直　徑　　φ0.2 mm
電阻係數 4×10⁴Ω cm

板厚會有變化時，使用等速進給會降低精度。不行！應改用伺服進給！

被加工物形狀

—○— 伺服進給方式
---●--- 等速進給方式

圖2.96　板厚變化與加工槽寬,加工速度之關係

　　又加工進給速度有隨着板厚的增加，愈厚愈慢的傾向，若配合最大板厚（10mm）以外的板厚尺寸時，當加工較其板厚爲厚的部分時，會發生短路。

　　因之，採用等速進給方式時，不僅加工進給速度會發生大幅度的損失，且加工槽寬也會隨着板厚的增加大幅度地減少，致使加工精度降低。又再就採用伺服進給方式而言，與等速進給方式同一理由，其電氣條件必須配合最小板厚。然而此時爲了使放電面積的變化，藉變更加工進給速度來使平均加工電壓保持一定，如圖2.96所示，不但提昇加工進給速度，且加工槽寬的變化也非常小。

　　由上述可知，板厚會發生變化的加工，若採用伺服進給方式進行加工，可獲得良好的加工精度。

　　其次，就形狀精度針對隅角部的彎垂加以檢討。請看圖2.97。

　　如圖2.97(a)所示，直線加工時，設銅線電極自O移至O₁，進行Δℓ的加工時之加工去除面積爲S_1。

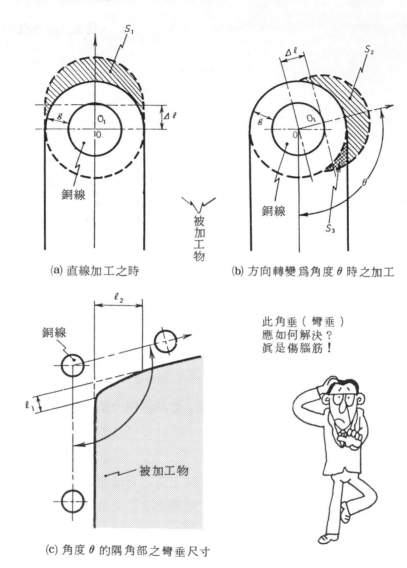

(a) 直線加工之時   (b) 方向轉變爲角度 θ 時之加工

(c) 角度 θ 的隅角部之彎垂尺寸

圖 2.97 隅角部加工時之模式圖

　　再看圖 2.97 之(b)，當加工方向轉變爲 θ 角度時，銅線電極自 O 移至 O_1，進行 $\triangle l$ 的加工時之加工去除面積則爲 S_2。

　　於是以銅線半徑加上放電間隙 g 爲半徑的放電範圍圓可由放電能與加工進給速度來決定。

　　因之，由圖 2.97 (a)、(b)獲知有 $S_1 = S_2 + S_3$ 之關係（S_3 爲在隅角部的不必加工之部分）。

　　由此可知，在隅角部的加工面積較直線部少，且 θ 角度愈小加工面積亦愈小。

　　於是若將隅角部與板厚減少時視為等值，則如前述，使用等速進給方式時，加工槽寬變大，當然在隅角部會發生超切加工（over cut），所以必須着眼於採用伺服進給方式（加工槽寬之變化少）進行加工，方能獲得較佳效果。

　　然而，即使採用伺服進給方式，在隅角部，亦會因(b)圖的 S_2 並非與加工進行方向成對稱，放電時產生多餘的反撥力作用於 S_3 方向，結果銅線也被推向此方向，最後形成如(c)圖所示 ℓ_1，ℓ_2 的彎垂。

　　此 ℓ_1，ℓ_2 與隅角部 θ 角度之關係示於圖 2·98。由圖可知，θ 變小，隨着隅角部的加工面積愈小 ℓ_1 的值愈大，而 $\theta=150$ 度以上時 ℓ_1 為 10 μm 以下。

　　且如圖 2·97(b)所示，因 S_3 方向並無被加工物，銅線會在其方向自由振動有格外增加隅角部的超切加工之可能。

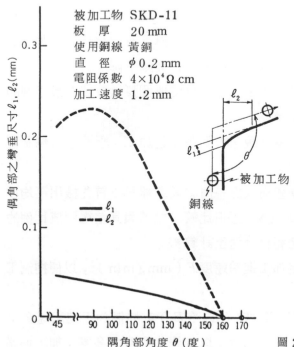

圖 2.98　隅角部加工時之彎垂尺寸

第6章

線切割放電加工機
的新技術

單元1

適應控制的優點

自來線切割放電加工的被加工物之板厚皆一定，通常在加工中所使用的加工條件均不予改變。

然而，像鋁窗框的擠製加工模，被加工物的厚度有變化時，如加工條件一定，不僅加工速度會降低，且加工精度也會大幅下降。

而且，遇有銳角的隅角部之加工，通常會變成圓弧狀，或在最不利的狀況之下，增加發生斷線的危險。

因之，板厚會有改變，或具有銳角的隅角部之加工，應適應各個狀況改變最適當的加工條件為理想。

圖2.99示適應控制的硬體構成之一例。其原理為：首先檢出平均極間電壓 E_g（V），與基準電壓 E_o（V）互相比較，並將與其差電壓成比例的電壓，藉A／D變換器予以情報化後送至計算機。

計算機則根據此情報決定加工進給速度 F（mm／min），以便控制工作台之移動。

今若欲使平均極間電壓 E_g 為一定（$E_g \fallingdotseq E_o$）來控制加工進給速度，但由於板厚的變化以及隅角部的加工時，以其變化程度之多寡，加工進給

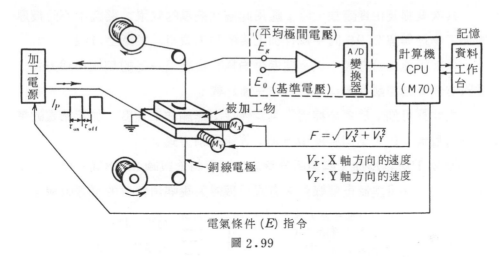

圖 2.99

速度 F 也隨之發生變化，於是由此 F 的變化量，可檢出板厚之變化與隅角部之有無。換言之，按照 F 之變化量來控制加工條件（特別是電氣條件）則為此適應控制法之原理。

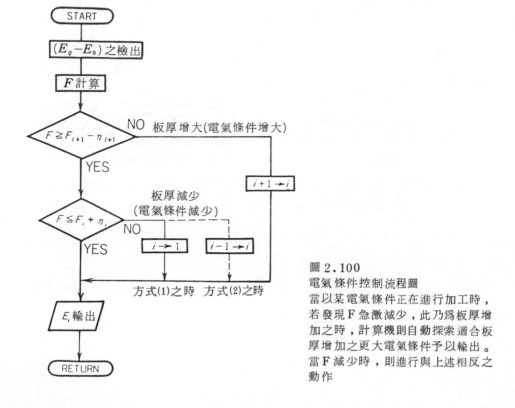

圖 2.100
電氣條件控制流程圖
當以某電氣條件正在進行加工時，若發現 F 急激減少，此乃為板厚增加之時，計算機則自動探索適合板厚增加之更大電氣條件予以輸出。當 F 減少時，則進行與上述相反之動作

其次要提及在實際加工時，應用此適應控制的效果。將圖中不同板厚的加工物經與圖 2.96 同一條件加工後的加工資料示於圖 2.101 。

係就等速進給方式，以及控制平均極間電壓為一定的伺服進給方式，並與有無實施控制電氣條件與否作三種比較。

由此圖可知，當實施控制電氣條件時，無論加工速度，加工槽寬的精度均為最優，依次為伺服進給方式，等速進給方式。

圖 2.102 則為加工隅角部分時之加工資料（與圖 2.98 同一條件），由此可知，採用控制電氣條件之方式可獲得尖銳隅角精度的顯著改善。

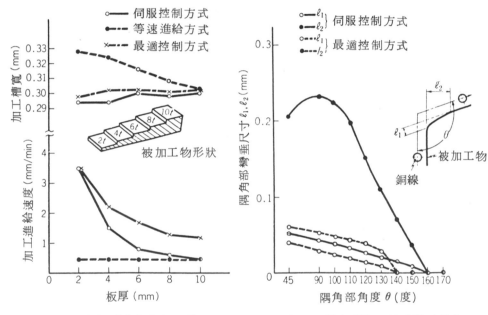

圖 2.101　板厚變化與加工槽寬，
　　　　　加工速度之關係

圖 2.102　偶角部加工時之彎垂尺寸

線切割放電加工機的錐度加工

錐度加工裝置乃為擴大線切割放電加工機應用範圍之一大突破。

自來的線切割放電加工機，祇藉 X、Y 2 軸驅動工作台進行放電加工，但如圖 2.103 所示，同時也藉上部銅線導件作 1 軸（回轉軸），或 2 軸（U，V 軸）的驅動，使具有 ±5° 程度以下任意錐角形狀的加工成為可能。

則由於同時可作 3 軸或 4 軸的控制，自由度加大，可作三次元形狀之加工。

圖 2.103
錐度加工裝置
令上部的銅線導件亦驅動同
時可作 3 軸或 4 軸的控制

1. 錐度加工裝置

圖2.104爲同時可作4軸控制的錐度加工裝置之構成圖。在此裝置中，根據程式部分的指令帶，也有可使用與自來的直線加工用線切割放電加工機同樣者。

應用此裝置，可將錐角以手動方式設定於控制裝置，或將錐角指定於指令帶，促使上部銅線導件自動驅動，可作任意錐角之加工。

又在錐度加工裝置，應如何保持一定銅線導件的跨距（上下銅線支點間的距離），乃爲進行高精度的錐度加工極爲重要者，於是採用當銅線發生傾斜時，銅線導件跨距變化少的鑽石模方式等之無方向性銅線導件較爲有利。

錐度加工裝置之概略規格示於表2.17。

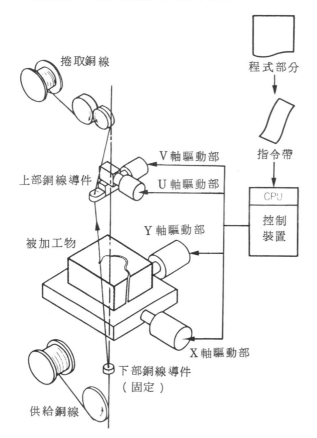

圖2.104
錐度加工裝置之構成
係爲4軸同時控制方式。
藉U、V2軸驅動上部銅
線導件，使銅線電極發生
傾斜

表 2.17 錐度加工控制裝置的規格

項 目	規 格
最 大 傾 斜 角 度	± 5°
最 小 角 度 單 位	1 秒
銅 線 導 件 方 式	鑽 石 模 方 式
控 制 方 式	藉 CNC 同時可作 4 軸控制
錐 度 驅 動 方 式	DC 馬達＋編碼器方式
輸 入 諸 元 設 定 單 位	1 μ m
角 度 設 定 方 法	手動輸入或 NC 帶輸入
角 度 輸 入 形 式	A ○○○○○（ 5 位數 ） 度 分 秒

2. 錐度控制方式

在同時可作 4 軸驅動的錐度加工裝置，其控制時的自由度特別大，以其計算機的高級軟體，也有具備下述機能的裝置，擴大錐度加工的應用範圍，實現高精度的加工。

(1) 如圖 2.105 銳緣（ sharp edge ）以及隅角 R 之加工，可藉外部指令自由選擇。

(2) 可在加工進行中改變錐角，以便加工極其複雜的三次元形狀。圖 2.105 示各邊皆有各個角度變化的形狀。

(3) 可將依指令帶指定，構成形狀尺寸的程式基準面，指定於工作台上任意高度。（ 參照圖 2.106 ）

(4) 可任意指定工作台面上的高度（ 係成爲被指定的加工進給速度 ），使錐度加工重要部分的加工槽寬保持一定。

(5) 錐度加工係屬三次元形狀的加工，所以必須在加工前詳細核對錐度部分的互相干涉，或銅線的轉換等工作。

因之，離工作台面上任意高度的切斷尺寸，得藉圖形核對之描繪，可詳細核對三次元形狀的加工情形。

圖 2.105　錐度加工例（左爲隅角Ｒ之加工，右爲銳緣之加工）

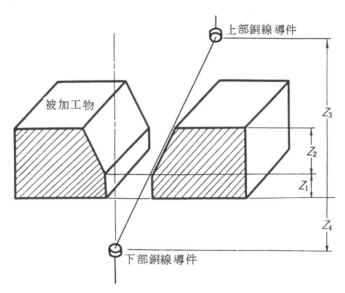

圖 2.106　錐度（斜切）加工必需的輸入諸元

3.　錐度(斜切)加工必需的輸入諸元

　　通常的錐度（斜切）加工裝置，除藉手動或指令帶設定的錐角以外，尚須將如圖2.106所示4個數值輸入於控制裝置，或孔帶製作裝置（ＡＰＴ裝置）。

這是在計算上部銅線導件（wire guide）之移動量，以及計算銅線電極傾斜時之工作台補正移動量所必須者。

Z_1：程式基準面的位置（μm）

Z_2：加工速度指定位置，核對圖形指定位置（μm）

Z_3：上部導件跨距（μm）

Z_4：下部導件跨距（μm）

在上記4個輸入諸元之中，以Z_3，Z_4對錐度加工的精度影響最大，雖必須設定正確數值，但因直接測定困難，故在圖2·107表示其間接測定法。在圖2·107中Z_3及Z_4各以下式表示之。

$$Z_4 = \frac{a_2 b_1 - a_1 b_2}{a_1 - a_2} \qquad （下部導件跨距）$$

$$Z_3 = \frac{Z_4}{a_2}(a_3 - a_2) + \frac{a_3 b_2}{a_2} \quad （上部導件跨距）$$

圖中b_1，b_2為跨距測定工模的高度，a_3為使用上下導件間距離的概略值Z_{SPN}算出的上部導件移動量$a_3 = Z_{SPN} \times \tan\theta$，而$a_1$，$a_2$為藉$b_1$，$b_2$的跨距測定工模測定銅線離自垂直位置的偏位量。

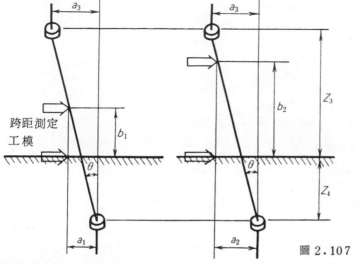

圖 2.107　銅線導件跨距的測定

4.　錐度加工裝置的應用範圍

　　如上述，錐度（斜切）加工裝置，不僅銳緣加工，隅角 R 之加工等成為可能，且把線切割放電加工機的自由度加以擴大，今後將適用於冲床模具，塑膠模具，更進一步也可作冲頭與冲模之同時加工等。（有關冲頭與冲模之同時加工請參照239頁）

單元3　空心模（hollow dies）的加工

1 空心模加工裝置的概要及構成

自來的線切割放電加工機，銅線電極是貫通被加工物來加工的，所以要加工如圖2.109所示的空心模附有底座形狀的加工是不可能的。

如圖2.108所示的空心模（hollow dies）加工裝置，銅線由被加工物的上方供給，藉下部V槽導件反轉改變方向，將被加工物予以放電加工後，捲取至被加工物的上方，故銅線並不貫穿被加工物的底座部分。

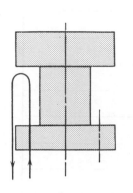

圖2.108　空心模加工裝置

線切割放電加工機也可以加工

圖2.109　帶有底座的被加工物（例如空心模）

205

　　因之，可藉空心模加工用線切割放電加工機，把自來認為不能加工的帶有底座形狀的被加工物，較容易地作高精度的加工，今後諒必會應用於擠製模的空心部分，或整修模（trimming die）切刄部的加工等。

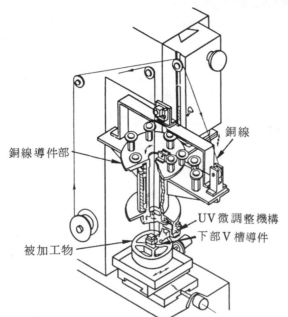

銅線

銅線導件部

UV微調整機構

下部V槽導件

被加工物

圖2.110　空心模加工
裝置的構成

表2.18　空心模加工裝置的概略規格

項　　　目	規　　　　　格
工具頭旋轉角度	±370°
工具頭驅動方式	DC馬達＋編碼器方式
最小驅動單位（θ軸）	0.1°
給電方法	集電環（Slip Ring）方式
加工液供給方法	浸漬方式
上部銅線導件	鑽石模方式
下部銅線導件	V槽導件方式
控制方式	藉CNC同時控制3軸
θ軸控制方式	藉自動控制，或指令帶

　　圖2·110為空心模加工裝置的概略構成圖。下部的 V 槽導件係以加工側銅線為中心，隨加工的進行，與ＵＶ微調整機構同時回轉，避免與被加工物互相接觸。表2·18示空心模加工裝置的概略規格。

② 空心模加工裝置的機能及特徵

　　空心模加工裝置必須的機能與其特徵如下：

(1)　為確保加工上的自由度，銅線導件的可能旋轉角度必須在 $740°$ 以上（$\pm370°$）

(2)　為使離隙裕度少的空心部之加工得能實現，下部銅線導件必須是小型的，且應具備有充分的機械強度。

寫給欲知更詳細的讀者

放電加工作用的諸學說與放電的種類

1. 電子的碰撞作用

　　當弧長較短時，藉電子的碰撞作用，給與陽極側較多的能量（energy），於是導致由於加熱作用所引起的金屬消耗。

2. 電磁力

　　由實驗已獲得證實，在短時間內的放電，其瞬間性電流密度可達到 $10^6 A/cm^2$。如此高的電流密度，基於電磁力，會發生相當大的力量。並可推論由於此力量，電極的一部分會被撕碎。

3. 靜電力

　　係針對硬質材料（如碳化鎢ＷＣ）之加工機構所提議者，根據E·M·Williams 氏之理論為加工碳化鎢時作用的靜電力為 $0·78 \times 10^7 dyne$，遠超過抗拉強度。

4. 衝擊性壓力

　　由於液中放電同時發生的急瞬氣化作用，雖然是短時間，會發生相當高的壓力（$10 \sim 1000$ 氣壓）。

5. 金屬的熔化

　　電弧柱部分的溫度非常高，放電加工時的火花放電，據說可達到

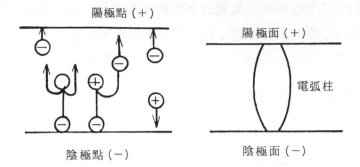

10000°K ，且陽極點，陰極點雖然以材料之不同而異，亦可達到2000～4000°K ，是足可把金屬熔化或蒸發之溫度。

放電的發展過程（ 錄自改訂版「放電加工」）

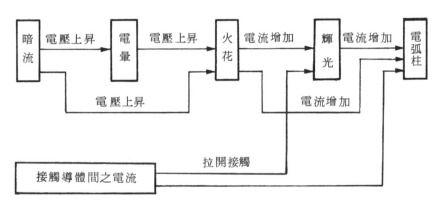

第7章

線切割放電加工機

的加工技術

單元1 當決定進行 線切割放電加工時

　　線切割放電加工機的加工與從來的工作機械不同之點為，因線切割放電加工機通常使用在製造工程中的最終階段，必須注意其製造工程與自來的方式完全不同。如表2·19所示，可知與自來方式比較其製造工程單純，但欲更有效運用線切割放電加工機，必須採用適合於線切割放電加工機的製造工程與加工前準備。

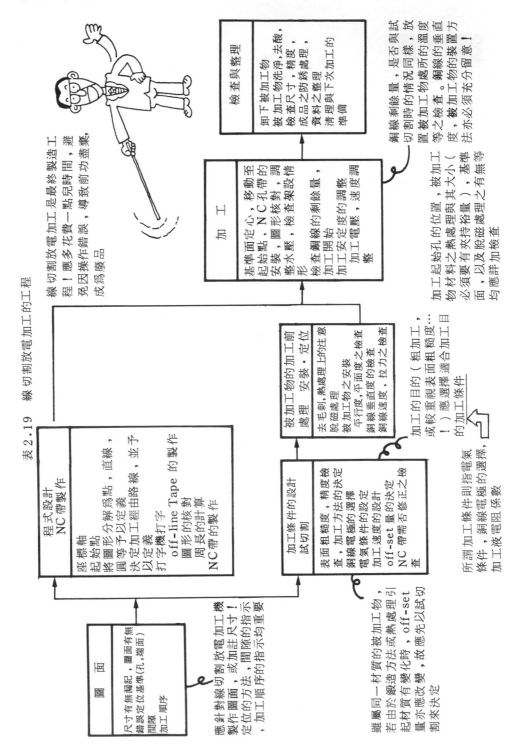

表 2.19　線切割放電加工的工程

被加工物材料有沒有問題

祇要是電導性材料，皆可採用於線切割放電加工機來加工。

由於線切割放電加工機是用於模具的製作加工爲主，加工 SKD 或 SKS 材質的機會較多，此外也加工超硬合金鋼或不銹鋼，以及作爲汎用放電加工機電極的銅或石墨等其加工範圍很廣。

通常在製作模具時，線切割放電加工爲最終工程，故一般SKD，SKS 材等合金工具鋼，皆經過熱處理，其硬度爲HRc 58～62之高。

因之，使用線切割放電加工機時，首先應注意的是被加工物材料的熱處理。

當將廣用於冲剪模的 SK 材等碳工具鋼，以線切割放電加工機加工時，如圖2.111所示，往往會在加工中突然發生裂模。

這是因爲被加工物本身熱處理後的硬度太高（通常爲HRc63以上），且殘留應力值亦高，受放電時所發生的熱應力之影響，發生裂模，而且被加工物本身的硬度不均勻，或放電能之強弱等皆對發生裂模或裂痕有密切的關係。

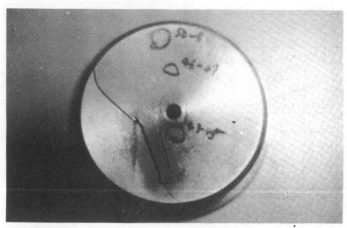

圖 2.111　　SK 材的裂模，殘留應力是一大問題

圖2.112示SKD−11經線切割放電加工後，發生於加工面的殘留應力與回火溫度間之關係。

用於模具時的回火溫度通常為200°C左右，但由圖可知，被加工材的輥軋方向與直角方向，其殘留應力值有很大的差距。任何回火溫度的輥軋方向之殘留應力值均大於直角方向。

這對線切割放電加工後的製品尺寸精確度影響很大。加工歪變則為其一例。

圖2.113為多少也能減少殘留應力的SKD−11之熱處理例。最少應施予2～3次之回火處理。又深冷處理（sub-zero treatment）對於材質的均一化也有效果。

圖2.114示汎用放電加工機用銅電極之加工例，材料為冷作拉製的30mm方銅條。

經350°C的退火處理後加工的電極之尺寸精度與在冷作拉製狀態下之加工精度有很大的差別。

SKD−11或SKS材料在實用上由於回火處理較為困難，為使有效

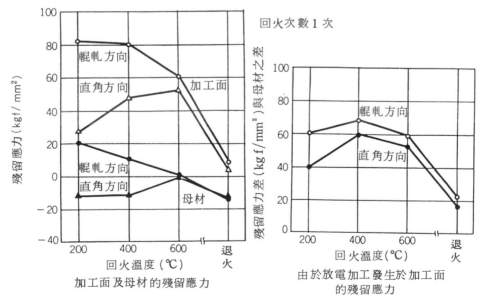

圖 2.112　SKD-11經線切割放電加工後發生於加工面的殘留應力與回火溫度之關係

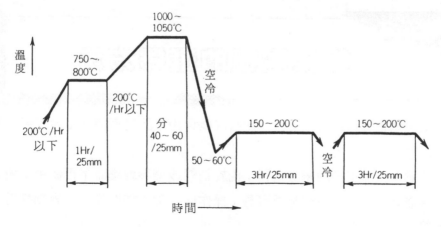

圖 2.113　SKD-11 之熱處理例（應想辦法減少殘留應力）

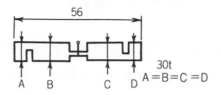

測定位置	測定值（mm）	
	冷作拉製之方銅條	退火處理後
A	11,802	12,957
B	11,796	12,958
C	11,784	12,955
D	11,758	12,958
ABCD 之差（μ）	44	3

註　冷作拉製方銅條與退火處理後之尺寸差爲 off-set 量不
同之故。

圖 2.114　彫模放電加工機的銅電極之加工例。經退火處理後加工的電
極與冷作拉製狀態下加工的電極有很大的差別

用於模具製作，多採用粗加工（除去加工應變）與精加工（使其成爲製品
）的 2 工程加工，或所謂二次加工（second cut）方法，避免由於殘留應
力導致加工應變。（參照圖 2.129）

銅線電極的選擇方法

銅線電極有銅與黃銅兩種。銅線電極會由於放電而消耗，加工部分的銅線必須經常是新的。

經過一次加工後的銅線電極，由於消耗或變形均棄而不再使用，所以必須考慮其經濟性，取得是否容易，操作性，加工特性等，一般都採用銅與黃銅。

以銅線來說，一般以硬銅線使用最廣，其直徑有 $0.1 \sim 0.25$ mm 可視其加工目的選擇使用。

最近，由於其放電加工特性，採用黃銅線時可較銅線提高加工速度，而且被加工物表面附着銅線材料的比例亦較少，使用黃銅線漸漸普遍。

又如表 2.20 所示，鎢線雖亦常被採用，但因其價格為銅線之數十倍，故僅限用於特定之加工。另雖有鉬線，鐵線等，但一般均不予採用。

線切割放電加工機不論使用那一種線電極，其線徑的精度，有無扭勁彎曲或節眼，線的表面有無氧化被膜等，對加工上均非常重要，通常皆使用專用的線。

當選定用線時，必須依其加工目的，尤其應依其加工形狀的隅角部半

表2.20　線電極材料的物理特性

線 的 種 類	抗 拉 強 度 kg/mm²	導 電 率 %	伸 長 率 %
硬　　銅	35～45	96～98	0.5～3.0
軟　　銅	25～30	100～102	20～40
7/3 黃銅（硬）	100.0	23.0	1.66
7/3 黃銅（半硬）	47	29.4	27.8
鎢	350.0	18	—

徑之限制予以選擇。由於線電極是圓形狀，如圖2.115所示之加工形狀的隅角部，會形成以線徑的一半加上放電間隙量之值爲半徑的隅角 R。

欲使隅角 R 值小，必須使用較細的線作爲電極。線徑爲 0.1 mm 以下者，多採用抗拉強度較強的鎢線。

表 2.21 表示使用線徑與適於加工的被加工物板厚之關係。

即使選用較細的線，也由於被加工物板厚的不同，須受隅角 R 的限制，必須選擇適當的線徑。線徑若細，則可通電的電流值受限制，加工速度遲緩，致使放電間隙擴大，無法獲得較小的隅角 R。

又若能採用同一材質的線電極來加工被加工物，則可忽略被加工物表面的線材之附着，改善其加工面的粗糙度以及外觀。

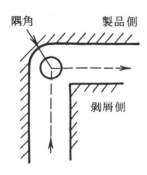

圖 2.115　在隅角部會形成以線徑的一半加上放電間隙量之隅角 R

表 2.21　線徑與被加工物的板厚

使　　用　　線		適當的板厚
鎢	$\phi\,0.05$	$0 \sim 10$　mm
鎢	$\phi\,0.07$	$0 \sim 20$　mm
鎢	$\phi\,0.1$	$0 \sim 30$　mm
黃　　銅	$\phi\,0.15$	$0 \sim 50$　mm
黃　　銅	$\phi\,0.2$	$0 \sim 100$ mm
黃　　銅	$\phi\,0.25$	$0 \sim 150$ mm

例如使用 $\phi\,0.1$ mm 的鎢線電極可將隅角加工成爲 $R\,0.1$ mm，其板厚爲大約 30 mm 以下

單元4 加工條件的決定方法

加工條件當然必須針對加工目的予以設定。加工目的雖有：(1)重視加工速度，(2)重視加工面粗糙度，(3)重視尺寸精確度，(4)只作單純加工等各種選擇，但由於現今的線切割放電加工機皆採用電容器放電方式，可大別為以加工速度為主體或以加工面粗糙度為主體兩種。

1. 電氣條件的決定方法

一般可選定的電氣條件有無負荷電壓，尖峰電流，脈波寬，休止寬，電容器容量等五項。

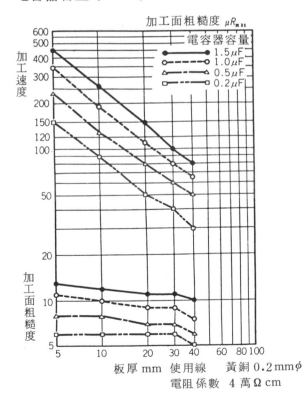

加工面粗糙度 μR_{max}

電容器容量
● 1.5μF
○ 1.0μF
△ 0.5μF
□ 0.2μF

加工速度

加工面粗糙度

板厚 mm 使用線 黃銅 0.2mmϕ
電阻係數 4 萬 Ω cm

在同一板厚，令無負荷電壓，尖峰電流，脈波寬，休止寬等均為一定，而僅變換電容器容量時之實驗資料
以電容器容量對加工面粗糙度的影響最大，其次為無負荷電壓其程度在一半以下

圖 2.116 被加工物為銅材時加工速度與加工面粗糙度之關係

　　欲重視加工速度時　應加大尖峰電流，脈波寬，電容量，減小休止寬。且在不會發生斷線的範圍內，須將無負荷電壓提高。

　　如欲重視加工面粗細度時　尤應特別設定小的電容器容量。並且同時亦應隨着小的電容量，減小脈波寬。

　　圖2.116示以銅材為被加工物時之加工速度與加工面粗糙度的關係。

2.　加工液電阻係數的考量

　　一般在同一電氣條件下，電阻係數愈低，愈可提高其加工速度。然而一旦將電阻係數降低，則顯著出現電解作用，加工面變色，發生一如電蝕的巢孔。

　　尤其加工銀鎢合金或超硬合金鋼時，其電阻係數最少也要設定在20萬Ωcm以上。

　　至於鋁材的加工，會由於降低電阻係數，導致產生氧化被膜，有時不會放電。

3.　欲求高精度加工時

　　若重視加工精度時，不但同時亦應重視其加工面粗糙度，採用φ0.1mm以下的鎢鋼線，調整其拉力為最大，並將無負荷電壓降低，加工槽寬調小，同時亦應盡量減小導件的跨距（guide span）。

加工條件與加工結果的關係

加工速度,加工面粗糙度,精度等影響加工特性之要因,雖有如圖 2.117 所示,但在線切割放電加工機來說,往往會由於一個要因牽涉很廣,複雜互為影響加工特性。

1 線 系

線的拉力尤為重要。線的拉力愈強,由於放電所引起的振幅(振動)愈減少,其結果不但可提高加工速度,且隅角部的線之遲延移行亦減少,尺寸精度也因之提高。

然而,若線之拉力過強,則成為斷線之原因。通常均設定在使用線的抗拉強度之 60～80% 左右為佳。

2 被加工物

使用線切割放電加工機時,例如被加工物的熱處理,取材方法,脫磁,為正確定位所必須之去除毛刺等,甚至在其他工作機械可以忽略的微細小事,都應加以注意。連由於溫度的變化所引起的被加工物之伸縮亦須加以注意。

3 加工液

使用加工液的目的係以加工粉的排出,以及為放電時的絕緣之保持,冷卻等為主。

電阻係數的變化,對被加工物的真直度,加工速度,加工面粗糙度等影響很大。祇要瞬間沒有淋水,會由於熱立刻導致斷線。

加工液壓愈高,流速愈快,加工粉的排出愈容易,其結果可提高加工速度。

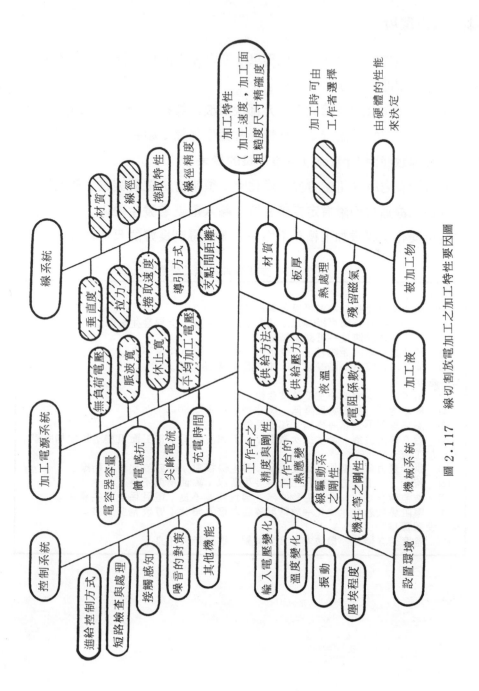

加工時可由工作者選擇

由硬體的性能來決定

圖 2.117　線切割放電加工之加工特性要因圖

4 設置環境

　　線切割放電加工機係以 1μ 爲單位進行加工的精密機械。設置機械的場所，尤其室溫的控制非常重要。

　　加工用工作台的進給機構，大都採用滾珠螺桿（ ball-screw ），但若無法控制爲一定的室溫時，滾珠螺桿會發生伸縮，如係連續冲模等的模具加工，會導致節距（ pitch ）精度不良的後果。

　　又若設置處所的電壓會發生變化時，須備有定電壓裝置。最近的線切割放電加工機通常均附有定電壓裝置。輸入電壓若發生變化，加工電壓也隨之發生變化，導致加工槽寬不均一，無法得到良好的尺寸精度。

表 2.22　加工條件與加工結果

```
1.　線　系
  (1)　祇要垂直度良好→則可提高眞直精度。
  (2)　若加強拉力→則可提高加工速度，尺寸精度，但易發生斷線。
  (3)　若加快捲取速度→可減少斷線。
  (4)　導件之支點間距離在上下發生不平衡時→眞直精度不良。
  (5)　使用不良線材→斷線頻發，加工面會殘留線痕。
2.　被加工物
  (1)　材質的熔點愈低→加工速度愈快。
  (2)　板厚愈厚→加工速度降低，尺寸精度降低。
  (3)　熱處理若不適當→裂模，加工應變之發生。
  (4)　若有殘留磁氣→發生二次放電，加工速度降低，加工面粗糙，尺寸精度差。
3.　加工液
  (1)　供給壓力高→則加工速度提高，發生線振動，由於氣泡發生斷線。
  (2)　若由上、下單方向淋加工液→發生斷線，眞直精度不良。
  (3)　液溫若有變化→被加工物伸縮，導致精度不良，電阻係數發生變化。
  (4)　電阻係數若發生變化→放電間隙隨之發生變化，導致精度不良。
4.　設置環境
  (1)　溫度若有變化→機械本身發生伸縮，導致精度不良。
```

單元6　怎樣提高加工速度

　　表2.23示影響提高加工速度之要因，重要的是並非只其中任何一要因，就能影響提高加工速度之主因。在此特別就工作現場能夠辦到的事項加以說明。

表2.23　影響提高加工速度之要因

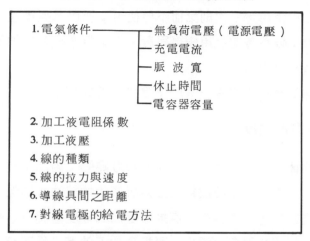

```
1.電氣條件 ──────── 無負荷電壓（電源電壓）
               ─ 充電電流
               ─ 脈　波　寬
               ─ 休止時間
               └ 電容器容量

2.加工液電阻係數
3.加工液壓
4.線的種類
5.線的拉力與速度
6.導線具間之距離
7.對線電極的給電方法
```

1　電氣條件

　　欲提高加工速度，必須要有適合於加工速度的放電能。

　　一般可由加大無負荷電壓與電容器容量來增加放電能，這對提高加工速度有很大的影響。

　　然而，放電能若太大，也會成為斷線的原因，故必須選擇適當的電氣條件。

2　加工液電阻係數

　　欲加工SKD－11，SKS等工具鋼時，將電阻係數設定較低（易通電）放電較易，進而可提高加工速度。

221

③ 加工液壓

噴在極間的加工液之液壓愈高，流速愈快，發生於線與被加工物的微細間隙之加工粉（chip）排出容易，加工進行方向的放電效率也隨之上昇。

然而，液壓一旦提高，亦會成為線振動的要因。且會產生氣泡的亂流，也會成為斷線之原因，必須維持層流狀態。

④ 線的種類

線電極因為使用過一次則棄而不再使用，所以其經濟性非常重要，且根據種種原因，雖然普遍採用銅線與黃銅線，但亦應依所加工的被加工物材質，選擇適當之線材。

＜例＞ 被加工物材料為Ag-W時，應選用鎢鋼線。

⑤ 線的拉力與速度

雖與線的種類亦互有關聯，但線的拉力愈強，對加工速度的提高幫助愈大。線的拉力若強，由於放電反撥力所產生的線的振動減少，且加工進行方向的放電效率也相對提高，直接影響加工速度之提昇。線的進給速度愈快，斷線或短路的機會也減少，對提高加工速度亦為不可缺之要因。

⑥ 其 他

導線具間之距離，給電方法等隨機械經已決定，操作者要作調整雖有困難，但導線具間的距離愈短，線的振幅愈小，對提高加工速度很有幫助。

且給電於線的給電接頭，應採用設在被加工物材料之上下2處方式，較1處方式（上下任何1處），可提高加工速度。

提高加工精度的方法

　　線切割放電加工機的加工精度一般可大別爲形狀精度，定位精度兩種。（如圖2.118所示）

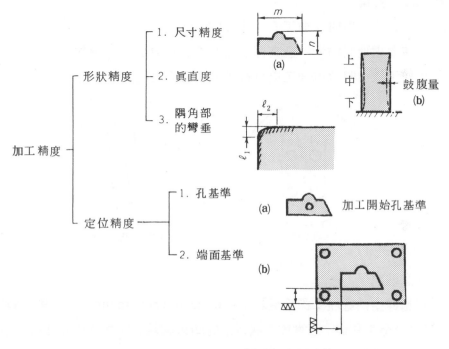

圖2.118　線切割放電加工的加工精度

1.　提高形狀精度的方法

　　形狀精度可分爲二次元平面上的：(1)尺寸精度，加工後的被加工物剖面，(2)眞直度（俗稱：鼓腹狀），(3)隅角部分的尺寸精度（俗稱：隅角部的彎垂）等來考慮。

223

1 尺寸精度上的問題與對策

若能忽視線切割放電加工機本身工作台的進給精度，或由於生熱所引起的機械系統的變形，則影響尺寸精度之主要原因爲被加工物材料本身的應變。被加工物材料的應變有材料本身由內部應力所引起的，與由於放電加工熱所引起的應變兩種。且液溫或室溫所引起的應變亦必須加以考慮。

材料應變之對策

1. 實施預先（事前）加工（圖2.119）

爲使熱處理能夠均一應實行預先加工（孔加工或細縫加工）。或在熱處理後使用線切割放電加工機實行預先加工（細縫加工）。

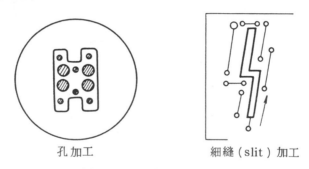

孔加工　　　　　　　　細縫（slit）加工

圖2.119　預先加工的方法

2. 注意熱處理

實施眞空熱處理，深冷處理（sub-zero treatment）。如係SKD－11等之合金工具鋼，應實施二次以上的回火處理。銅材亦應施予回火處理。

3. 實施額外的加工（圖2.120）

於熱處理後，依製品加工形狀大約預留 2～3 mm 左右預作額外的加工，先除去內部應力後，再進行製品的正式尺寸之加工。

2～3 mm

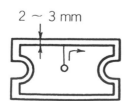

圖2.120　額外加工的方法

4. 注意截取材料（圖2.121）

一定要設置加工開始孔，從被加工物材料之內側開始加工。又被加工物材料的殘留裕量，最少要留 5mm 以上。

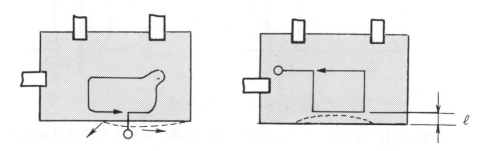

因為加工開始點在被加工物材料之外側（左圖），以及因為加工殘留裕量 ℓ 太少（右圖），加工後如虛線所示，被加工物向箭頭所指方向開啓發生變形

圖 2.121　截取材料的困擾

5. 減弱放電能（energy）

一般為防止由於放電所引起的熱應變時，均採用小徑的細線（0.1mm以下），並將與放電能有關的電容器容量以及無負荷電壓降低進行加工。此時加工槽寬變為狹窄，並可相對地減少誤差量。

6. 實施二次加工（second cut）

② 眞直度上的問題與其對策

當測定經線切割放電加工後的被加工物之眞直度時，一般均會形成中凹（鼓形）形狀，究其主因大致有下述三點。

(1) 線電極在加工中係由上下導件所支持，放電時由於反撥力發生振動，所以被加工物材料中心部分的振幅成為最大。

(2) 加工液雖由被加工物材料之上下淋灑，但被加工物材料的上下部分與中央部分之電阻係數不同。由於上下部分的電阻係數值較中央部分為高，中央部分較易放電，形成中凹形狀。

(3) 由於加工粉是從被加工物的中央部分排出，且二次放電亦易發生在中央部分，故易形成中凹形狀。

1. 鼓形狀的對策（圖2.122）

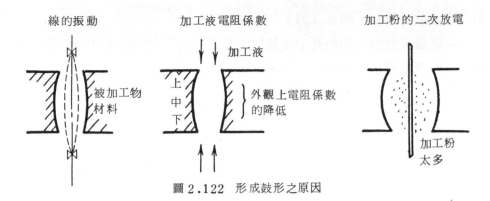

線的振動　　　　加工液電阻係數　　　　加工粉的二次放電

加工液

被加工物
材料

上
中
下

外觀上電阻係數
的降低

加工粉
太多

圖 2.122　形成鼓形之原因

(1) 將線的拉力稍微加強，極力減少線的振幅。又將上下線支持導件之跨距予以縮短，亦爲減少振幅量非常重要的。尤其上部導件的位置，影響被加工物的上、下尺寸很大。

(2) 盡量降低加工液的電阻係數（易通電的狀態）進行加工。被加工物材料的上下部與中央部之間的電阻係數差減少。電阻係數100萬Ωcm與10萬Ωcm有顯著的差別。

(3) 提高加工速度。以加工進行方向的放電爲主體，相對地減少線的左右方向之放電量。

以最近的技術，線切割放電加工的眞直度，加工100 mm板厚的被加工物材料時，可達到數 μ 的程度。

③　隅角部的彎垂

由於導件的位置與加工進行中的線之位置有差異，隅角部發生彎垂導致尺寸精度的降低。

2. 隅角部的彎垂之對策（圖2.123）

(1) 藉增強線的拉力，以及縮短上下導件的跨距，減少線的遲延量。

(2) 降低電容器容量及無負荷電壓，減弱由於放電所引起的反撥力。

(3) 施以二次加工（second cut）

(4) 僅在隅角部作電氣條件（加工電流，脈波寬，休止時間等）或加工速度的自動控制，防止線的遲延。

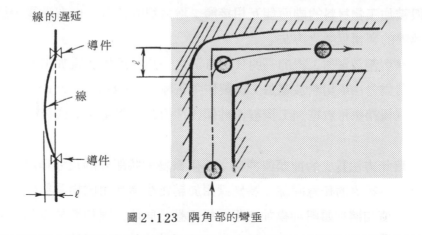

圖 2.123　隅角部的彎垂

2.　提高定位精度的方法

　　定位的方法可大別爲如圖 2.124 所示之兩種方法。一爲孔基準法，一爲被加工物材料的端面爲定位基準的方法。

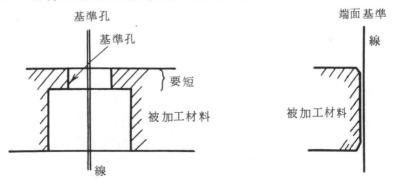

圖 2.124　定位的方法

1　以孔爲基準的定位方法

　　需藉工模搪床(jig borer)搪磨成眞圓孔，同時內孔面的粗糙度也必須達到 3S 之程度。而且因爲要使線與被加工物材料互相接觸來進行定位工作，所以線的傾斜程度非常重要。並須注意被加工物材料的接觸高度。

2　以端面爲基準的定位方法

　　將成爲基準的被加工物材料之端面經過研磨加工後並去除毛邊。爲使

線與被加工物材料的端面能互相接觸，增强線的拉力。也有藉微少放電來確認線的斜傾程度之方法。

線切割放電加工機的高明使用方法之一爲與汎用放電加工機併用。此方法則爲先由線切割放電加工機製作主電極（master electrode），再由此主電極藉汎用放電加工機製作冲頭或冲模加工用電極，最後據以加工模具。

藉此方法製成的冲頭與冲模，不僅微細形狀部分的尺寸精度良好，且亦可達到數 μ 的任意間隙，特別採用於精密小零件用的模具製作。

其他如將冲頭與冲模加工用電極重疊，同時以線切割放電加工機進行加工的方法，亦爲提高尺寸精度以及位置精度的另一手段。

單元 8 線切割放電加工的加工面

1. 彫模放電加工面較硬，線切割放電加工面較軟

　　線切割放電加工的加工面，由於使用脫離子水爲加工液的關係，與油中放電加工的加工面頗有差別。圖2.125表示以兩者不同加工方法加工合金工具鋼SKD－11後的比較例。

　　由此圖可知，油中放電加工的加工面，則爲通常所稱的熔化再凝固層，其硬度值（HV 900～1000)顯然較母材高出很多，而線切割放電加工的加工面，反而顯示較母材爲低之硬度值。

　　且位於熔化再凝固層內側的熱影響層部分，其硬度也較母材稍低，進入15μ左右內側位置時，始大致回復與母材同樣的硬度。

　　這是因爲油中放電加工時，由於加工表面附近的油被分解，當熔化再凝固時，碳分會浸透入被加工物的表層面，而線切割放電加工，却因加工

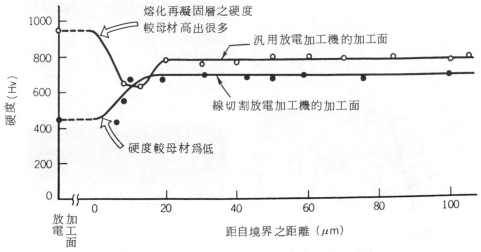

圖 2.125　放電加工面與內面的硬度分布之比較

（ 錄自名古屋工業研究所・齊田氏著「 冷作模具鋼 SKD-11 之放電加工變質層」）

液中不含碳分無此浸透現象，以及由於水的電解作用，雖影響不大，但由於被加工物表層面的選擇熔解等原因可資推測判斷者。

加工表面的硬度降低，若考慮到線切割放電加工後的研磨工作時，其效果不可謂不大，與油中放電加工比較，對精加工工程的工數縮減貢獻很大，實為線切割放電加工機急速普及的一大要因。

但若未經磨光當做模具使用時，會成為初期異常磨耗之原因，故須預先採取將間隙加工成為較小間隙，然後於試冲剪的階段再將軟化層去除等措施。

至於超硬合金鋼的加工，如以通常的電氣條件進行，則有如圖2.126所示，會發生龜裂或空洞（void），成為當做模具使用時發生裂痕或異常磨耗的原因。

加工超硬合金鋼時，會發生龜裂（crack）或空洞（void），有時導致模具發生裂痕或異常磨耗的原因。因此，必須考慮提高加工液的電阻係數，或採用交流高周波電源加工

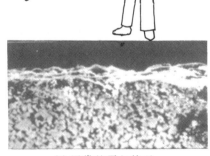

(a) 通常的電氣條件

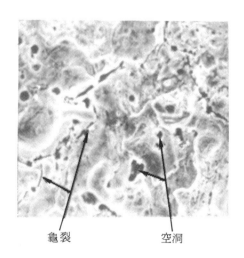

龜裂　　　　　空洞

圖 2.126　使用通常電氣條件
加工後的超硬合金
鋼加工面之狀態

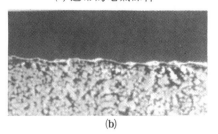

(b)

圖 2.127　使用交流高周波電
源與通常電氣條件
之斷面組織的差異

　　且在電阻係數較低的溶液（$10\times10^4\Omega-cm$）中進行加工時，會發生表層面的異常軟化現象，較母材硬度大約會降低10％左右。

　　其補救方法，則必須將加工液的電阻係數提高至$40\times10^4\Omega-cm$，以及使用交流高周波電源的高次加工較有效果。

　　圖2.127表示，應用通常電氣條件的加工斷面，與其後藉上述電源進行高次加工後的加工斷面互作比較。

　　由照片可以明瞭，由於交流高周波電源的高次加工，表層部的軟化層幾乎全部被除去，因為無異常層，且加工表面的粗糙度也可達到$2\mu R_{max}$程度，所以經線切割放電加工後幾乎無須再施以研磨，則可當做模具使用。

　　今後，相信這種交流高周波電源的高次加工，亦適用於合金工具鋼的加工，更能促成模具加工的省力化。

何謂二次加工

所謂二次加工（second cut）則為類似油中汎用放電加工機的靠側加工之精加工法。尤其加工沖模時，事先預留加工裕度先作 1 次加工（first cut），然後將電氣條件變更為精加工條件，使用同一孔帶漸漸減少偏位（offset）量，藉 2 次以上加工將表面部分預留下來的加工裕度去除的工程總稱為二次加工。

通常 2 次以後的加工次數，有時也可分為 3 〜 7 ，8 次進行。其效果如下：

(1) 沖模形狀加工時的去臍方法。

(2) 沖模及沖頭形狀加工時提高表面粗糙度與尺寸精確度，以及加工時間之縮短（高精度高效率加工）。

(3) 藉錐度（taper）加工的沖模形狀之加工時，離隙部加工後切双部之直線精加工。

(4) 易生應變材料之加工時，藉以去除應變的高精度加工。

今各別將其實施方法及其效果說明如下：

1. 去臍加工

如圖 2.128 所示，加工後的製品必定在加工起始點部分有凸起物（臍）殘留，必須將其去除始能當作模具使用。

沖頭形狀的加工時，盡管會在直線部殘留此臍的程式，也可容易藉研磨加工去除，但形狀複雜的沖模形狀之加工，尤其材質為超硬時，去除工作極為困難。

為了解決此一問題，依圖 2.128 所示，設計去臍專用的程式，將偏位量分為 3 個階段左右漸予縮小，完全去除此突起部分。

在此尤為重要者，則不可想一次就要把突起部去除，否則會遭致嚙入

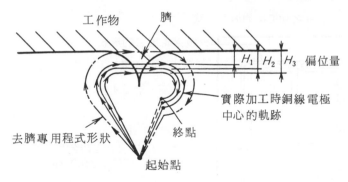

圖2.128　藉二次加工去臍的方法

沖模側，成為廢模的危險性很大。

　　因此，必須分為 2～3 次逐漸去除，以 3 次左右的處理則可達到 5 μ 以內的階級差。

　　此時的電氣條件應設定為能量小的精加工條件，應用 5～10 mm／min 的速度，故去臍所需時間僅為數分鐘而已。

2.　高精度、高效率加工

　　原來線切割放電加工屬低速度加工，但由於最近電源裝置的改良，若容許加工表面的粗糙度為 15～18 μ R_{max} 時，則可達到相當高速的加工。

　　然而，與汎用放電加工機同樣，若更加提高加工速度，則會發生表面粗糙度較粗，隅角的彎垂加大，有損形狀精度等等嚴重問題。

　　下示方法則為了解決此問題，藉二次加工的效果，以最短的加工時間可獲得良好的加工面。

　　如圖2.129所示，首先針對最終完成加工的尺寸，使其一側能預留 0.02～0.03mm 的加工裕度設定偏位量，應用最大加工速度進行一次加工（first cut）。

　　然後依上述施以去臍處理後，變更為精加工的電氣條件，將偏位量依次縮小，分三個階段左右進行二次加工，把一次加工後的較粗表面（留有 0.02～0.03mm 的加工裕度）予以精加工。

　　表 2.24 則表示應用此方法的加工與僅以一次加工，例如加工成為 5～6 μ R_{max} 時的加工時間之比較。

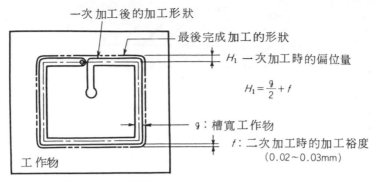

(1) 完成一次加工後的狀態

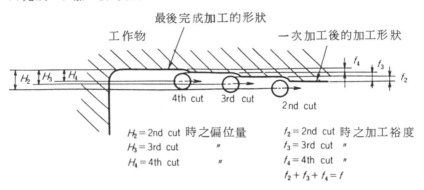

圖 2.129 一次加工與二次加工的關係

表 2.24 一次加工與二次加工的加工時間之比較（加工板厚為 20 t 時）

		僅以一次加工完成為 6μ $R_{\max}$ 時	以一次加工（粗加工）後再經二次加工完成為 6μ $R_{\max}$ 時
一次加工		$T = \dfrac{L}{F}$	$T_1 = \dfrac{L}{F_1} = \dfrac{L}{4\ F} = \dfrac{1}{4}\ T$
二次加工	2 nd cut	0	$T_2 = \dfrac{L}{F_2} \fallingdotseq \dfrac{L}{24\ F} = \dfrac{1}{24}\ T$
	3 rd cut	0	$T_3 = \dfrac{L}{F_3} \fallingdotseq \dfrac{L}{24\ F} = \dfrac{1}{24}\ T$
	4 th cut	0	$T_4 = \dfrac{L}{F_4} \fallingdotseq \dfrac{L}{24\ F} = \dfrac{1}{24}\ T$
合　計		T	$T_2 + T_2 + T_3 + T_4 = \dfrac{3}{8}\ T$

L：加工周長（mm）
F：僅以一次加工完成為 $6\mu R_{\max}$ 時的加工速度（ 0.35 mm/min ）
F_1：一次加工（粗加工）成為 $15\mu R_{\max}$ 時的加工速度（ 1.4 mm/min ）
F_2, F_3, F_4：二次加工時的加工速度（ $8\sim 10$ mm/min ）

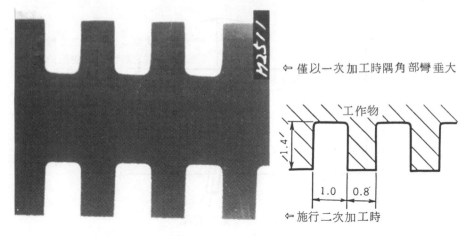

⇐ 僅以一次加工時隅角部彎垂大

工作物

⇐ 施行二次加工時

圖2.130 一次加工與二次加工的隅角狀態之比較

可知以一次加工(first cut)先施以粗加工,然後再以二次加工(second cut)施行精加工時,可縮短3/8的加工時間,大幅度減少時間的浪費。

而且,由於應用二次加工,可消除線切割放電加工特有的隅角彎垂現象,如圖2.130所示,可獲得高精度的隅角邊緣(corner edge)的加工,不僅縮短加工時間,且大幅改善加工精度,可以說是成為今後線切割放電加工的主流之加工方法。

3. 冲剪模切刃部的精加工

在冲剪模的冲模加工,為使冲剪後的製品或冲屑的落下平穩,設有離隙錐度部分,並將切双部的 3～5 mm 左右加工成為直線為理想。

以線切割放電加工完成這些加工時,通常有下述二種方法。

(1) 先以第一工程作切双部的直線加工後第2工程再作離隙部的錐度加工。

(2) 先以第一工程作離隙部的錐度加工後第二工程再作切双部的直線加工。

其中,前者有下述之困擾。則如圖2.131所示,離隙部的坡度為30′左右,因角度小,在第一工程加工完成的切双面,於離隙部加工時受2次放電的影響,已加工面有時會被糟塌破壞,或尺寸擴大等情形發生。而且直線

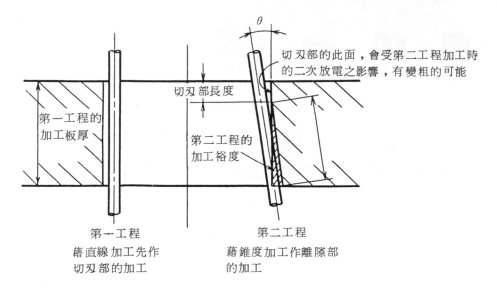

(1) 加工切刄部後作離隙部錐度加工的方法

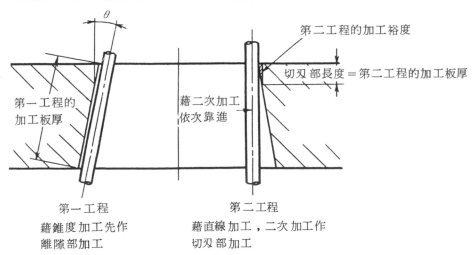

圖2.131 藉2工程加工作沖模之切刄，離隙部加工方法的比較

加工時的加工板厚與離隙部加工時的加工板厚幾乎沒有變化，大致上要花費直線加工的二倍之加工時間。

　　而後者的加工方法則將這些缺點加以改善者。第一工程的離隙部加工，在其精度方面因無須要求較嚴的公差，而且表面粗糙度的要求也較寬，故可應用最大加工速度以最短時間內進行加工，在第二工程時再將線電極恢復筆直，祇加工３～５mm的切刄部即可。

此時，由於離隙部的坡度小，爲切刄部預留的加工裕度極小，若僅以一次加工完成此部分的加工時，易形成加工之不安定，導致產生縱向條紋痕跡或尺寸精度不良的後果。

因之，此部分的加工亦應採用與上述同樣的 2 次加工方法，分幾個階段逐漸減少偏位量作數次的精加工。

此時的 2 次加工，由於切刄部的板厚祇有 3～5mm，且加工裕度亦小，可應用 10 mm／min 左右的高速加工，包括第一工程的總加工時間較前者可縮短 1／4 左右。

4.　去除應變的加工方法

在此所提示者，係指如 18-8 系不銹鋼，或工具鋼中之 SK、SKS 等內部應力較高，且易因線切割放電加工發生應變，導致大幅尺寸變化的材料之加工時，應用二次加工的方法去除加工應變，與上述稍有不同的使用方法。

當進行這些材料的加工時，由於形狀或大小之不同，加工起始點與加工終了點有時會發生 0‧1mm 或以上的誤差。這是因爲由於線切割放電加工，材料之內部被挖開，材料的內部應力被解放發生應變導致變形。

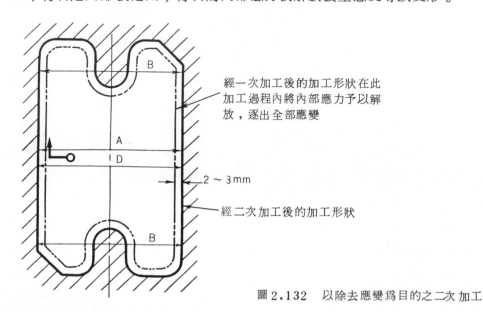

經一次加工後的加工形狀在此加工過程內將內部應力予以解放，逐出全部應變

2～3mm

經二次加工後的加工形狀

圖 2.132　以除去應變爲目的之二次加工

　　爲解決此困擾的加工方法，雖然也可應用如前述 2 所示的二次加工方法，但如事先無法預測其變形量時，不能據以決定一次加工的偏位量，可依圖 2.132 所示，先以較最後完工尺寸略小約 2 mm 左右進行一次加工，在此階段讓其材料的內部應力能獲得完全解放，然後再依最後完工尺寸爲目標進行精加工，則對這種材料也可獲得預期的高精度加工。

　　表 2.25 示其一例。係爲 18-8 系不銹鋼材料加工後的結果。本來以一次加工在加工起始點與加工終了點的誤差有 0.028 mm，但經採用本方式證實可獲改善至 0.003 mm。

表 2.25　爲除去應變的二次加工之效果

測 定 位 置	僅以一次加工達成目標尺寸時	施以除去應變爲目的之 二次加工時
A	31.996mm	32.005mm
B	32.005mm	32.011mm
C	31.988mm	32.000mm
D	31.968mm	32.002mm
不 均 勻 值	0.037mm	0.011mm

加工形狀：參照圖 2.132，工件材質：SUS 304，工件板厚：80 mm

僅以一工程同時加工沖頭與沖模的方法

一般沖剪用的沖頭與沖模，皆各別準備兩個工件分兩次加工。

然而，沖剪數量較少的沖剪模，可否不一定要準備各別的工件，而僅以一工件毛胚就能同時加工成爲沖剪模，這是線切割放電加工機愛用者多少年來的願望。下述二種方法則可將此願望付諸實現且非常實用。

1. 由傾斜角5°的起始孔(線孔)開始加工的方法

如圖2.133所示，預先在工件的加工開始位置，設置可適用於所採用的線切割放電加工機之最大傾斜角度（例如5°)的加工起始孔，然後將線電極穿通於此孔，由傾斜 5° 的狀態下開始加工，當線電極移動至製品加工形狀的軌跡時，再把傾斜角變更爲所需之角度，進行所需形狀加工的方法。

此時所需的傾斜角 θ 可由次式的計算求得。

$$\theta = \tan^{-1} \frac{g - c}{H} \tag{1}$$

式中　　g：加工槽寬（mm）

　　　　c：沖剪模所必須之沖頭，沖模間之單側間隙（mm）

　　　　H：工件的厚度（mm）

若將經此方法加工後之沖模形狀劃有斜線部分（如圖2.133）作爲沖模的切刃，而沖頭形狀同樣劃有斜線部分作爲沖頭的切刃使用，則因各個切刃刀口，並無出現加工起始孔及助走線，故對沖剪工作並無任何影響，非常實用，尤其爲沖剪薄板時必須減小沖頭與沖模之間的間隙時此方法很有效。（材料板厚0.8mm 左右以下時）

爲延長模具壽命必須再研磨時，應依下式計算上述傾斜角後先將沖頭

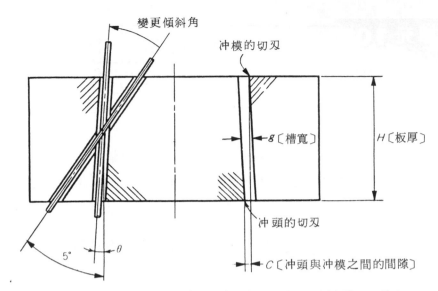

圖 2.133 僅以 1 工程加工沖頭與沖模之方法（不設置直線切刃時）

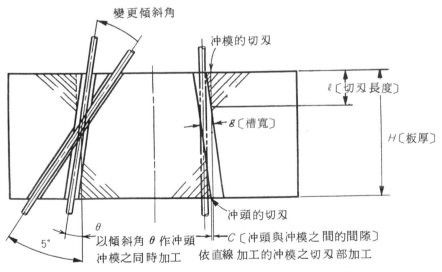

圖 2.134 僅以 1 工程同時加工沖頭與沖模之方法（需要直線切刃時）

與沖模依上述方法同時進行加工，然後藉直線加工祇作沖模側之 2 次加工，設置 3～5 mm 的切刃部，則沖模上面的再研磨成爲可能，也可適用於沖剪數量多的模具。（圖 2.134）

$$\theta' = \tan^{-1} \frac{g - c}{H - \ell} \tag{2}$$

式中　　ℓ：切刄部的長度（mm）

2.　由筆直的起始孔開始加工的方法

前述方法係以 5°的傾斜孔作爲起始孔同時作冲頭與冲模之加工，而此方法則與通常的加工同樣，以直線孔開始加工，故成爲較簡易且實用的方法。

如圖2.135所示，由設於冲頭側或冲模側筆直的起始孔開始加工，自助走線轉移至製品形狀的軌跡之點，賦與所需傾斜角進行全周的錐度加工。

傾斜角與前述同樣，需要設置直線的切刄部時係採用(2)式計算出的 θ'，若不需要設置切刄部時則應採用由(1)式算出之 θ 。

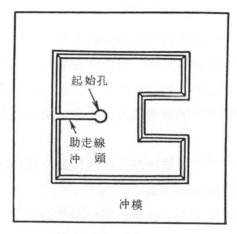

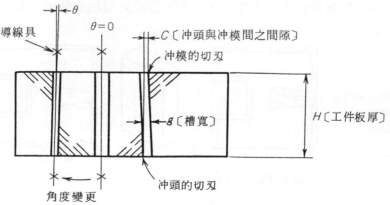

圖2.135　同時加工冲頭與冲模之方法
（由直線起始孔開始加工時）

起始孔與助走線，殘留於冲頭側或冲模側之任何一方，其處理方法有下述二種。

1. 仍留着起始孔，助走線當作冲剪模使用之方法

若冲剪製品的板厚較厚（例如0.6mm 以上之程度時），局部仍留有凸起對使用上並無妨碍時，可將起始孔與助走線仍然留着作爲冲剪模使用。

此時，助走線的位置應設於對製品的機能上沒有妨礙的地方，且若能將起始孔及助走線設於冲剪材料的冲屑側，則在冲剪製品祇會在助走線部分僅留少許突出部，可獲得十分實用的製品。

試製品或電氣機器用底盤等，局部留有突起部無妨礙者多，於是可在經過線切割放電加工後立即予以裝配，進行製品之冲剪，並可大幅縮短模具的製作工時。

2. 將起始孔與助走線部分切除，壓入嵌入物的方法（圖2.136）

若不允許如上述可留有突出部於製品時，或冲剪製品的板厚較薄時（例如0.5mm 以下），可考慮將起始孔與助走線部分以線切割放電加工之方式予以切除，並以其他材料所形成的嵌塊插入此部分，組成爲模具使用的方法。

此時，爲防止當作冲剪模使用時，嵌塊部分發生位移，或掉落等等事故，應考慮以鳩尾槽接合或錐狀嵌合等方法。

且亦應考慮避免冲剪時的衝擊負荷導致嵌入部分發生裂模等措施，尤其使用於冲剪數量較多的大量生產時的冲剪模更須加充分的注意。

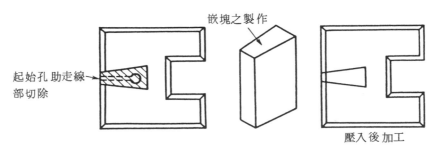

嵌塊之製作

起始孔 助走線
部切除

壓入後加工

圖2.136 起始孔，助走線部之修正例

線切割放電加工的應用例

　　表 2.26 係將線切割放電加工的應用範圍以其用途別予以分類者。雖然絕大多數均應用於沖剪模的加工，但因錐度加工機能的改良，用於塑膠成形模的使用機會也急速增加。其他例如鋁窗框擠製模的直接加工，試製零件的屢次切削加工，放電加工用電極的加工，以及多種少量零件的製品之加工等領域所採用的線切割放電加工機之數量亦確實正在增加之中。在此僅將上述應用例之代表性工作介紹數例。

表 2.26　線切割放電加工的用途

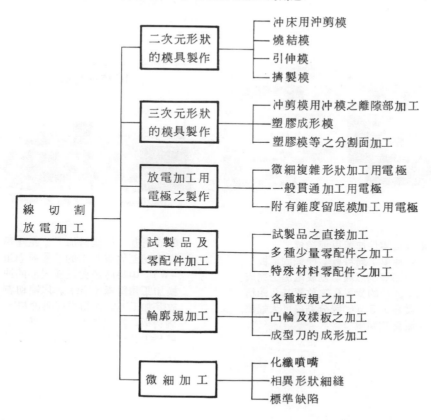

二次元形狀的模具製作	沖床用沖剪模 燒結模 引伸模 擠製模
三次元形狀的模具製作	沖剪模用沖模之離隙部加工 塑膠成形模 塑膠模等之分割面加工
放電加工用電極之製作	微細複雜形狀加工用電極 一般貫通加工用電極 附有錐度留底模加工用電極
試製品及零配件加工	試製品之直接加工 多種少量零配件之加工 特殊材料零配件之加工
輪廓規加工	各種板規之加工 凸輪及樣板之加工 成型刀的成形加工
微細加工	化纖噴嘴 相異形狀細縫 標準缺陷

線切割放電加工

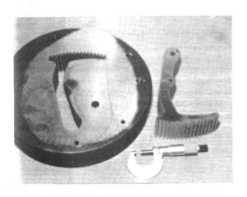

將汽車零件精密沖剪模的沖頭精加工
為正確尺寸，沖模則藉二次加工檢查
其嵌合程度進行加工。單側間隙為 5
μ

複式沖剪模。機器腳踏車用鏈輪。沖
頭的鏈輪與鋸齒狀缺口之同心度較難
。沖模則藉二次加工完成，分度精度
在 ±1′ 以內，尺寸精度則在 ±0.01
mm 以內

▲電氣零件沖剪用連續模
　將沖模，剝料板，沖頭固定板，
　沖頭等均以線切割放電加工完成
　。沖模的異形孔之位置其孔距精
　度為 ±5 μ。較分割模可大幅縮
　短交貨期限

▲與放電加工作組合加工。左邊為
　經線切割放電加工的電極板（Cu
　-W）。中央為經此電極成形的沖
　模加工用電極（Cu）。以線切割
　放電加工方式作電極板與沖模、
　剝料板等的粗加工，然後將 Cu
　電極及沖頭使用上述 Cu-W電極
　作放電加工

IC 印刷板

▲使用經過線切割放電加工的1次　　▲經放電加工的沖模
　電極加工的沖頭

所有的加工僅可藉線切割放電加工及汎用放電加工進行。尺寸精度因所有關係均爲現物對照（銅鎢合金電極：沖頭，銅電極，銅電極：沖模，剝料板之關係）故可保持均一間隙，精度非常高。

◀

應用於塑膠成形模。

錐度加工的機能以及精度的提升，已把線切割放電加工機的應用範圍漸漸擴大至塑膠成型模。照片右邊的直尾翅狀散熱片的錐度加工以線切割放電加工來完成。直尾翅的先端R，根部的R，及直尾翅的兩側面各形成不同的坡度。

設備引進篇

第1章

投資效益的計算方法

估計的正確觀念

　　設備投資應視能否獲得與投資金額相稱的效益來判斷。因之，必須由購置設備後可能獲得的營業收入，減去各項開支的合計，來計算粗利益。

　　營業收入的預測，係由工作量的確保能力（例如營業能力）與設備能力的平衡來決定。而且，各項開支應包括爲執行工作所必須的人事費，設備折舊費，經營費用（running cost）等來計算。

　　因此，正確把握設備能力及各項開支固然重要，更應把握如圖3.1所

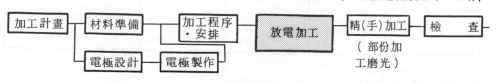

(a)彫模放電加工之過程

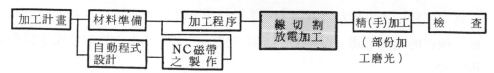

(b)線切割放電加工之過程

圖3.1　加工過程的方塊圖

表3.1 估計的形式

(a) 彫模加工的每一模具加工工數估計例

加工過程	加工計畫	加工程序，定位	加工	精(手)加工	檢查	計
機械拘束時間	－	0.5Hr	10Hr	－	－	10.5Hr→a
工作者拘束時間	4Hr	0.7Hr	1Hr（監視）	4.0Hr	1.0Hr	10.7Hr→g
發生費用	電極製作@200千圓另計	電力費加工油濾芯		一部油口加工磨光	尺寸檢查	

註)→a，→g，示表3.2的相關項目。

(b) 線切割放電加工的加工工數估計例

〔工作者拘束時間〕/〔機械拘束時間〕

加工過程	簡單模具	複合模具	連續模具	備 註
加工計畫	2Hr	3Hr	4Hr	
材料準備	2Hr	2Hr	2Hr	指定材料，購入熱處理材
加工程序，定位加工	1Hr / 70Hr	1Hr / 90Hr	2Hr / 120Hr	電費，線，濾芯等費用
手加工(整修)	3Hr	5Hr	6Hr	
檢查	1Hr	2Hr	3Hr	測定機
自動程式設計	0.5Hr (0.5Hr)	1Hr (1Hr)	1.5Hr (1.5Hr)	磁帶，紙帶費用（ ）內指機械與加工併用
計	9.5Hr / 70Hr	14Hr / 90Hr	18.5Hr / 120Hr	

示加工過程的全貌。

　　然後去計算各個工程所需要的時間數，但因放電加工機（無論是彫模放電加工機，或線切割放電加工機）均已達到高度的自動化，故應把機械無人操作的運轉時間，與非工作者親身操作不可的工作者拘束時間予以分別計算。

　　在自動化程度較低的汎用工作機械，雖以運轉時間＝工作時間，運轉時間則成為設備能力與經費兩方面的計算基礎，但在放電加工等高度自動

化的機械，其設備能力，僅以機械的拘束時間爲計算的依據，而經費則以機械拘束時間與工作者拘束時間兩方來估計。

機械拘束時間與工作者拘束時間，依表3·1的形式來估計較爲方便。

表3·1爲在此行業中，以其設備預定能夠執行的工作加以分別（表中暫分爲簡單模具，複合模具，以及連續冲模），探取以上述的各個加工過程，分別計算機械拘束時間與工作者拘束時間之方法。至於工作類別，應再根據模具的大小，交貨對象的先後等酌量安排爲易估計其平均值之單位，以利把握全貌。

又如能在備註欄內列記各工程中特別需要的經費項目，則對爾後投資效益的估計工作非常方便。

表3·1站在企業的立場上，雖期望有更進一步的改善與努力，但若非有實行之可能者，則會誤及投資的判斷，故應愼重決定其數字。今以表3·1爲根據，舉例說明投資效益的估計方法。

擬購置彫模放電加工機時的估算

重新開始投資於彫模放電加工機，而欲以此為中心從事於模具加工時，試就放電加工機有關的投資效益計算例示於表3·2。

表3·2與簿記的借貸對照表同樣，中央線的左方為收入計算欄，而右方則為支出計算欄。此種計算，雖均採取易算出平均值的充分長之期間（月或年），但在此表則選擇一個月的期間來計算。

收入這一欄，則採用放電加工機每運作1個小時，可獲取多少收入為

表 3·2 彫模放電加工機投資效益估算一例

彫模放電加工機投資效益估計（期間：一個月）

（收　入）	（支　出）
工作量（運作時間） 　沖剪模(A)加工　200 Hr　(a₁) 　鍛造模(B)加工　100 Hr　(a₂)	每月平均折舊費 　機械購入費用(投資額)10,000（千圓）(d) 　折舊月數 7 年＝84 個月　(e)
計　　300 Hr　(a) ((a)/二班制全運轉(400 Hr)＝75％)	每月平均 $\dfrac{(d)-0.1\times(d)}{(e)}=107$（千圓）(f) 折　舊　費
每小時平均收入 　沖剪模(A)加工　3,500/Hr　(b₁) 　鍛造模(B)加工　3,000/Hr　(b₂)	直接人事費 　關連作業時間　300 Hr　(g) 　平均每小時人事費 2.0（千圓）/Hr (h)
	直接人事費　(g)×(h)＝600（千圓）(i)
	運轉經費 消耗品費(電費,加工油,濾芯) 28（千圓） 　維護費　　　　　　20（千圓）
	運轉經費　　　　48（千圓）(J)
	間接費 　事務費,管理費　　50（千圓）(k)
總收入 (a₁)×(b₁)+(a₂)×(b₂) 　　　＝1,000（千圓）(c) 粗　　利＝(c)−(ℓ)＝195（千圓）(m) 投資效益＝(m)/(d)＝1.95％/月 　　　　＝23.4 ％/年	總支出 (f)+(i)+(J)+(k)＝805（千圓）(ℓ)

基礎予以估算的方法。首先應依各工作類別決定一個月期間的工作量。此工作量依表 3.1(a)的機械拘束時間為基準，視營業能力與必要之程度等加以估計。當然，依機械的優劣程度，每一工作所需要的時間數互異，愈優秀的機械則可作較多的工作。

其次，應算出每 1 小時的平均收入，然後據以計算總收入。

另一方面，支出欄應依次算出每月平均折舊費，直接人事費，運轉經費，間接費等。

折舊費用以 7 年為耐用年數，以定額折舊計算，並設殘留簿價為初期投資額（以 1 千萬圓日幣為例）的 10％。

直接人事費係以表 3.1(a)的工作者拘束時間為基礎，乘以（$a_1 - a_2$）的工作量，算出相關的人工時間，然後乘以每小時的人事費來估算。此時的每小時人事費應包括在工場內平均的手工具等之設備負擔。

運轉經費則參照表 3.1(a)的備註欄，在放電加工機尤其需要的消耗品（此時則以電費，加工油費，濾芯費就足夠）與維護費予以算出。

然後再加算事務費，管理費等間接費用。

至此可算出支出總計（ℓ），於是由收入總計（c）減去支出總計（ℓ）則可求出粗利（m）。投資效益可由粗利（m）除以投資額（d）求得月間效益。此值為判斷投資與否的重要依據。又上例放電加工所需之電極費用並未計算在內，應另行計算。

擬購置線切割放電加工機時的估算

在此線切割放電加工機的投資效益之估算期間定為一年。

收入欄以模具的種類分別計算一年間的生產量（等於所接受的訂製量）開始。此時，若能同時算出設備的運轉率，則對今後的改善努力以及把握餘裕程度非常方便。每1模具的機械拘束時間，係由表3.1(b)算出者，此數字則可充分顯示設備品質上的能力。在能力較低的設備，雖其工作量亦可估計，但在限定時間內無法完全掌握，或全然無法加工等情事有時也會發生，必須加以注意。

其次，祇就有關線切割放電加工機部分來決定模具的平均單價。這可依據世上的一般水準與本公司的工作品質來決定。

至此，以單純的計算方法可估計總收入（f）。

另一方面，支出欄則與表3.2同樣，將設備折舊費用定為7年平均折舊加以估算。人事費則斟酌表3.1(b)的工作者拘束時間，算出專業人員數，據以估計一年間的人事費。

運轉經費則個別算出電費，消耗品費（參照表3.1(b)的備註欄算出）以及維護費，然後算出粗利＝（總收入－總支出），投資效益＝粗利／投資金額。

以上，介紹二種投資效益的計算方法，雖各有不同（實際計算應考慮較易明瞭的方法），但如何把握總收入據以算出總支出是相同的。

在已從事於生產模具的工場，欲引進放電加工機以圖謀省力化時之投資效益的計算應採取；收入欄應為既設設備之總費用，而總支出欄則應以EDM購入時之總費用為計算基準，視（既設設備費用）－（新設設備費用）為粗利來估計合理化投資的效益。

彫模放電加工機，線切割放電加工機均如上例所示，可視為充分值得投資的設備，交易旺盛，其主因不外乎，充作模具製作的主力機械已達到

表 3.3　線切割放電加工機投資效益估計表之例

線切割放電加工機投資效益估算（期間：一年）

（收　入）

年間加工面數

簡單模具	30 面	(a_1)
複合模具	20 面	(a_2)
連續模具	12 面	(a_3)

運轉率

每 1 模具機械使用時間

簡單模具	70 Hr	(b_1)
複合模具	90 Hr	(b_2)
連續模具	120 Hr	(b_3)

總機械使用時間

$$(a_1)\times(b_1)+(a_2)\times(b_2)+(a_3)\times(b_3)$$
$$=5,340\,\text{Hr} \qquad (c)$$

年間設備可能時間數

$$600\,\text{Hr}/月\times12\,個月=7,200\,\text{Hr}\ (d)$$

運轉率　(c)/(d)　＝74.1 %

模具平均單價（WEDM分含材料）

簡單模具	200 （千圓）	(e_1)
複合模具	350 （千圓）	(e_2)
連續模具	600 （千圓）	(e_3)

總收入 $(a_1)\times(e_1)+(a_2)\times(e_2)+(a_3)\times(e_3)$
$$=20,200（千圓）(f)$$

粗　　利＝(f)－(O)＝11,895　　(p)

投資效益＝(p)/ g ＝49.5 %（年間）

（支　出）

設備折舊費

投資金額	24,000（千圓）	(g)
耐用年數	7 年	(h)

設備折舊費 $\dfrac{(g)-0.1\times(g)}{(h)}=\dfrac{3,090}{（千圓）}$ (i)

直接人事費

專業人員數

$$\dfrac{(a_1)\times9.5+(a_2)\times14+(a_3)\times18.5}{2400（年間時間數）}$$
$$=0.33\,人\ (J)$$

每 1 人年間人事費 5,000（千圓）(k)

直接人事費 $(J)\times(k)=1,650$（千圓）(ℓ)

運轉經費

材料費	1,740（千圓）
消耗品費	
（線，離子交換樹脂，紙，紙帶等）	
（電費）	625（千圓）
維護費	100（千圓）
其　他	100（千圓）
運轉經費	2,565（千圓）(m)

間接費(營業費,管理費)1,000(千圓)　(n)

總支出 (i)+(ℓ)+(m)+(n)
$$=8,305（千圓）(O)$$

高度自動化，而且可將機械運轉時間與工作者拘束時間予以分離，機械可以不分晝夜參予生產。

〜〜〜〜〜 放電加工機設備投資的各種優待辦法 〜〜〜〜〜

當你決定購置放電加工機時，在稅法上可能會有如下的特權。但適合與否請詳加檢討。

a. 中小企業者等的機械特別折舊

從促進中小企業設備內容及體質改善的觀點來看，凡購入新品時，規定其第一年度裏有較多折舊的特別償還制度。除普

通折舊之外，尚有第一年度可取得金額1/6之附加折舊。此時有①在第一年度裏，可由課稅對象所得中扣除附加折舊額，如此可幫助你節稅。②第二年度以後的設備折舊小，故償還負擔亦小等好處。

b. 重要複合機械的特別折舊

也許可適用於線切割放電加工機，或附有ＣＮＣ的放電加工機。其適用機械之規格如下：

『高性能電子計算機控制的金屬加工機械』＝備有專用的電子計算機（係屬計數型者，其記憶容量除檢查用位元外，應具有6萬位元以上的主記憶裝置者爲限），可將操作對象的位置檢出執行至最小讀取單位0.005mm以下，並可藉位置檢出情報歸還於該電子計算機，作精密的位置控制者，僅限於同時購置金屬加工機械以及電子計算機時，包括同時設置此等機械設備時附屬之輸出入裝置。

高級的線切割放電加工機，可以適用此條件，享受重要複合機械特別折舊之特權。上述的規定與高級線切割放電加工機的適用狀況，如表3·4所示已夠充足。

此特別折舊的特權可由：①將第一年度的折舊，以普通折舊再加購入價格的1/4，②稅額的扣除，得以購入價格的10％計算，兩者選擇其一。

以上(a)(b)爲一般購置放電加工機時，稅法上可享受優待辦法

表3.4 適用於重要複合機械特別折舊法令的狀況

形　　　名	專用計算機	CPU主記憶裝置之記憶容量(位元)	位置檢出最小讀取單位	位置檢出情報對CPU之復置
NC帶製作裝置線上驅動系統（CNC2）	有(計數型)	512,000以上	0.001 mm	有（由編碼器至CPU）
不含NC帶製作裝置之系統（CNC1）	有(計數型)	256,000以上	0.001 mm	有（由編碼器至CPU）
法令規定	計數型專用附CPU	6萬位元以上	0.005 mm以下	有

　　的項目，除此之外，尚有『中小企業等爲進行構造上的改革所需之同業公會等的共同設備，機械』以及『在海外工場所需設備，機械』等，均可認爲合於特別折舊的規定，至於適用與否皆須由業者進一步加以檢討。

譯註：此優待辦法僅適用於日本國內業者。

單元 4　引進放電加工機的實例與其經濟性

1.　使用大型放電加工機加工鍛造模的省力效果

　　大客車，貨車等曲柄軸，或前輪軸等大型鍛造模具的加工，在模具加工領域中，均被認爲合理化，省力化較難的生產部門，一直依賴着勞動集約形的生產方式。其理由爲

(1)　因屬多種少量型的模具生產，很難提高大量生產效果。

(2)　工程數多，工程與工程之間的閒等時間多。

(3)　模具的尺寸，重量龐大，工程間的整備工數長。

　　因之，假使能夠添購大型放電加工機，若其加工電源的輸出小，加工能力（加工速度）小，通常祇能減少加工工程，無法達到大幅度省力化的目的。

　　然而，自從配合高輸出，高加工速度電晶體電源，且可裝載大型模具，並具有充分的剛性與精度的大型放電加工機的導入，在大型鍛造模具的加工，已可實現大幅度的省力化。

　　甚至某一製造廠商，亦已把削減自來皆依靠模銑床進行加工的壓痕之粗加工工數爲目標，引進可獲得大輸出電流（1,120Ａ）的大型放電加工機之結果，在大型曲柄軸或前輪軸的模具加工，已大幅度提高縮短加工時間的效果。

　　圖 3.2 爲大型曲柄軸鍛造模，圖 3.3 則爲加工深度與所需時間的關係。

　　把自來的加工工數與引進大型放電加工機後的加工工數比較，可明瞭下記的效果相當之大。

(1)　與靠模銑床加工比較，可縮短粗加工工數1/7以下。

(2)　由於新電源的使用，可縮短自來的放電加工精加工數1/3以下。

(3)　把自來的靠模銑床加工＋放電加工，可僅藉放電加工從粗加工進行

彫入部份之重量約22kg粗加工時數：12小時（平均加工速度30g/min）精加工時數：7小時（精加工面：25 μR_{max} ）

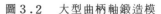

圖3.2　大型曲柄軸鍛造模

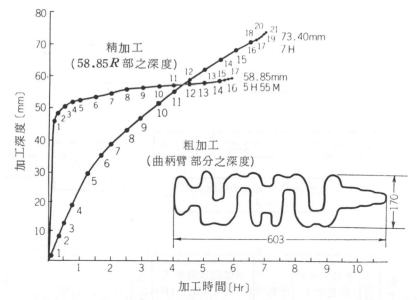

使用機種：DK 2000＋EP 120＋2×EP 500 B，電極材料：石墨
電極消耗：1 %以下，最終精加工面：25 μR_{max}

圖3.3　加工4氣缸曲柄軸鍛造模具時加工深度與所需時間的關係

　　到精加工，減少整備工數1/5以下。

　　因之，在其總加工工數而言，僅上模或下模一面，曲柄軸鍛造模爲31小時，而前輪軸鍛造模爲55.8小時，於是專門生產此類鍛造模具的大批特殊鋼製造廠商之模具生產部門，已可成功地節省將近10名的直接工，

達到省人化的目的。

2. 使用線切割放電加工機加工冲床用冲剪模之經濟性

線切割放電加工機的導入效果有下列幾點。

(1) 與自來方法比較，可減少模具加工工數 1/2～1/3 。

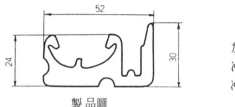

加工周長： 258 mm
冲模板厚： 20 mm
冲頭板厚： 50 mm

製品圖

1. 加工工程
   〔線切割放電加工〕

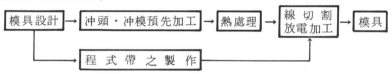

   〔從前的方法〕

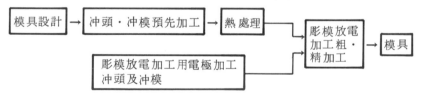

2. 加工時間

線切割 放電加工	程式設計 0.3 Hr	冲頭・冲模 預先加工 7 Hr	熱處理 48 Hr	線切割放電加工 冲模(切刃部) 2.1 Hr 冲頭 … 10.0 Hr		精加工 3 Hr	合計 70.4 Hr
從前的 方法		冲頭・冲模 預先加工 7 Hr	熱處理 48 Hr	EDM用 電極製作 (profile) 冲模用 1 個…12 Hr 冲頭用 2 個…20 Hr	彫模放電加工 冲模 1.5 Hr 冲頭 9.0 Hr	精加工 3 Hr	100.5 Hr

以從前的方法製作電極時，必須靠手工作業難求得高精度的成品。如改爲分割模時，又因預先加工以及彫模放電加工等所需時間，增加二倍左右。

圖 3.4 線切割放電加工法與從前的方法比較例

(2)　與自來方法比較，可減少模具製作日程 $1/2 \sim 1/3$ 。

(3)　由於模具構造的一體化，可提高模具精度與壽命。

(4)　可提高模具加工設備的運轉率與省人化。

(5)　無需特別熟練的模具製作人員。

(6)　可有效利用模具材料。

(7)　利用錐度切削（ taper cut ）可由同一材料同時製作冲頭（ punch ）與冲模（ die ）。

　　線切割放電加工機革命性地推翻自來切削加工的常識，可由經已熱處理的工件（ work piece ），直接以線電極切割完成所需形狀的製品，此特長與 NC 控制相輔相成，促使加工時間的大幅縮短與無人運轉之直接工數的減少。

　　且，從前以機械加工爲主體的模具製作設備，必須應用種類繁多的高精度工作機械，不但初期投資金額與固定費用高昂，而且必須要有具有高度的熟練技術人員來操作多種類的機械進行加工。因此，模具的製作一般均交貨期間較長，且費用也較高，對於熟練技術人員的依賴程度也高。

　　線切割放電加工機，則針對模具製作的短期交貨與降低成本，與自來以機械加工爲中心的模具生產設備比較，可達成革新性的效果。

　　圖 3.4 表示線切割放電加工法與從前的加工方法之加工工程與加工時間比較例。一般其運轉經費（ running cost ）以 1 日 16 小時，25 日運轉計算，電費，消耗品費等合計大約爲 110 日圓／小時～ 120 日圓／小時左右。（ 1 個月約爲 44,000 ～ 48,000 日圓 ）

防止電波干擾的方法

電波干擾的發生狀況

放電加工機（包括線切割放電加工機）因有火花放電的關係，與汽車引擎的火星塞同樣，多少必會附帶地發生電波。

此電波有時會帶給民宅接收電視或收聽廣播的干擾，或對設置於附近的 NC 工作機械等電子機器發生不良影響。關於這些干擾電波，在電波法規有明文規定，凡裝設利用 10 kHz 以上高周波電流的設備時，必須經過郵政大臣的許可。

一般的放電加工機，雖不適用於電波法規所規定利用高周波設備的條件，但間亦有利用高周波作爲放電加工機的電源者，此時則必須申請利用高周波電源設備之許可。然而，不論有無必要申請許可，萬一對電視或其他通信設備會帶來干擾時，依電波法之規定有排除障礙的義務。

避免電子機器遭受干擾的方法

若對設置於放電加工機附近的電子機器或設備會產生不良影響（干擾）時，請實施下記對策。而且對於大型冲床，焊接機，大容量遮斷器等多數機械或設備，同樣也會有類似問題發生，也同樣可應用此對策。同時也應料想得到爾後的放電加工機，反而亦會遭受這些機械所發生的干擾電波之害，同樣亦可以完全相同的方法去避免。

(1) 勿將電子機器或設備裝設於放電加工機附近。

(2) 勿由同一電源取得電力。應用絕緣變壓器等亦可防止干擾波的傳播。亦不可把兩者的電源線並排掛滿於周圍。雖然不直接連繫也會傳播干擾波。

(3) 切勿連接於同一接地線。應個別打入接地棒單獨接地最爲理想。

(4) 盡可能提高電子機器或設備這一方的噪音邊限（noise margin）。所謂噪音邊限者係指不被干擾波所影響的餘裕度，可藉噪音模擬器

（noise simulator）等器具測試。提高噪音邊限雖有多種方法，
但裝置濾音器（noise filter）等既簡便又有效果。

(5) 將放電加工機安裝於密室（sealed room）內。有關密室的製作方
法將於次項詳加說明。

避免電視機或收音機遭受干擾的方法

放電加工機加諸電視機或收音機的障礙程度，不僅是干擾波的程度，
也深受電視電波的強度之影響。電視電波的強度，又受電視台或轉播站間
的距離，地形（山間部落電視電波較弱），周圍的建築物等狀況變化很大
，障礙程度的預測非常困難。對此障礙的防止方法有如下述：

1. 機械安裝場所之選定

放電加工機的安裝場所，應盡可能遠離民宅。障礙波的強度與距離的
二乘成反比例減衰。其次若將機械裝設於民宅（電視天線之位置）與電視
台之連結直線上，最易發生障礙，而與此直線直交之處所可謂最不易發生
干擾之場所。

圖3·5之A，C點為容易發生障礙之處所，而B，D點則為不易發生
障礙波之處所。

若機械之安裝處所無法變更時，遷移電視的天線亦可獲得同樣效果。
此時務請依照上述建議選定電視天線的位置。

2. 密室的製作方法

密室（sealed room）因可阻止障礙波的傳播，防止效果相當大，可
除去一切障礙。然而，稍不留意將會阻礙其防止效果，故製作密室時，應

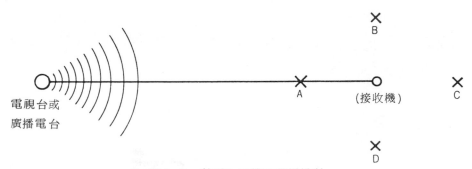

圖3.5　放電加工機的設置場所

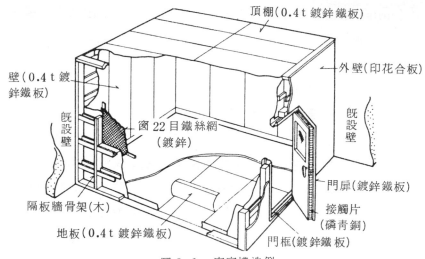

頂棚(0.4 t 鍍鋅鐵板)

外壁(印花合板)

壁(0.4 t 鍍鋅鐵板)

既設壁

窗 22 目鐵絲網（鍍鋅）

既設壁

門扉(鍍鋅鐵板)

接觸片（磷青銅）

隔板牆骨架(木)

地板(0.4 t 鍍鋅鐵板)

門框(鍍鋅鐵板)

圖 3.6 密室構造例

更加細心注意。密室製作上應注意的重點為

(1) 密室周圍的 4 個側面以及頂棚，地板均應以鍍鋅鐵板密封，且應使此 6 個面全部得以電氣性的接觸。

(2) 採光用窗戶，換氣門，冷氣機等部分雖均應採用鐵絲網，但鐵絲網的部分應盡可能減少，密封效果才會更佳。

(3) 出入口的門扉，每因開關時易生門縫，無法維持電氣性的接觸，故應使用磷青銅接觸片等來補救。

(4) 密室內外側應盡量避免以金屬製品來連繫，其必須的電源配電線，應經由線路濾波器（line filter）引入密室內。

上圖示密室構造例。

參考文獻

(1)　PAUL　A　SKENASY；Z；ELEKTROCHEMIE　'25.Jahr-
　　　gang 1919

(2)　黑川兼三郎著　電氣回路過渡現象論　產業圖書出版　第 1 章

(3)　增沢隆久，藤野正敏　生產研究　vol.31,No.1, P37

(4)　電氣加工手冊　日刊工業新聞社　昭 45 年　P9～10

(5)　齊藤長男；" 放電加工機構學 " 精密機械 vol.29,No.10

(6)　小林和彥；三菱電機技報　vol.41,No.10,1227 頁

(7)　小林和彥　他；三菱電機技報　vol.45,No.10,33 頁

(8)　齋藤長男；前出(5)

(9)　電氣加工手冊　前出(4)　西村，土屋

(10)　前出(6)

(11)　東海北陸地方工業技術連絡會議研究報告　昭 53 年 5 月 25 日　名
　　　古屋工業技術試驗所　他 7 公立研究機關，名古屋市工研　齋田義
　　　幸他

(12)　前出(11)

(13)　前出(11)

(14)　齋藤長男　前出(5)

(15)　J.D.Cobine and E.E.Burger " Analysis of Electrode phe-
　　　nomena in the High Current Arc " J. of Applied physics,
　　　vol.26，No.7　July 1955

(16)　小平義男　物理數學　§14

(17)　齋藤長男　機械之研究　第 29 卷第 6 號（1977）690

(18)　元木幹雄　電氣加工學會誌　vol.11,No.21,22

(19)　F.Van.Dijck and R.Snoyes　電氣加工學會誌　vol.11,
　　　No.21,22

相關叢書介紹

書號：02475
書名：實用塑膠模具學(修訂版)
編著：張永彥
20K/560 頁/430 元

書號：02635
書名：高科技製造技術
編譯：柳昆成.李祖慰.譚仲明
　　　江忠焜
20K/496 頁/380 元

書號：03695
書名：金屬模具設計與實務
編譯：歐陽渭城
20K/336 頁/350 元

書號：43051
書名：刻模、線放電加工手冊
編著：張欽隆
16K/200 頁/200 元

書號：02249
書名：精密模具之超精度加工
編譯：歐陽渭城
20K/176 頁/180 元

書號：43049
書名：CBN 磨輪研削加工技術
編著：林維新
16K/212 頁/230 元

書號：03214
書名：沖壓模具加工法
編譯：歐陽渭城
20K/280 頁/250 元

◎上列書價若有變動，請
以最新定價為準。

流程圖

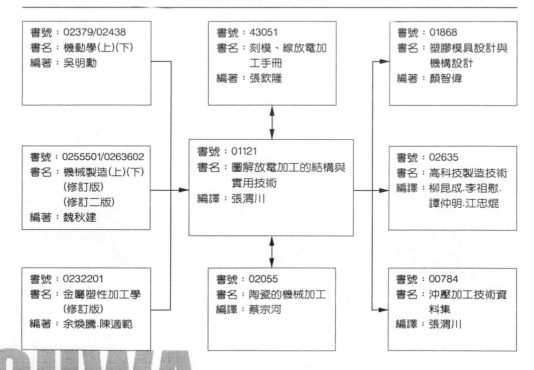

書號：02379/02438
書名：機動學(上)(下)
編著：吳明勳

書號：43051
書名：刻模、線放電加
　　　工手冊
編著：張欽隆

書號：01868
書名：塑膠模具設計與
　　　機構設計
編著：顏智偉

書號：0255501/0263602
書名：機械製造(上)(下)
　　　(修訂版)
　　　(修訂二版)
編著：魏秋建

書號：01121
書名：圖解放電加工的結構與
　　　實用技術
編譯：張渭川

書號：02635
書名：高科技製造技術
編譯：柳昆成.李祖慰.
　　　譚仲明.江忠焜

書號：0232201
書名：金屬塑性加工學
　　　(修訂版)
編著：余煥騰.陳適範

書號：02055
書名：陶瓷的機械加工
編譯：蔡宗河

書號：00784
書名：沖壓加工技術資
　　　料集
編譯：張渭川

CHWA
TECHNOLOGY

圖解放電加工的
結構與實用技術

譯　　　者　張渭川

發 行 人　陳本源

出 版 者　全華科技圖書股份有限公司

地　　　址　台北市龍江路 76 巷 20 號 2 樓

電　　　話　（02）25071300　（總機）

傳　　　眞　（02）25062993

郵政帳號　0100836-1 號

印 刷 者　宏懋打字印刷股份有限公司

登 記 證　局版北市業字第○七○一號

圖書編號　01121

初版再刷　90 年 12 月

定　　　價　新臺幣 210 元

Ｉ Ｓ Ｂ Ｎ　957-21-0780-1 (平裝)

全華科技圖書
http://www.chwa.com.tw
book@ms1.chwa.com.tw

全華科技網 OpenTech
http://www.opentech.com.tw